I. S. Narskij

Gottfried Wilhelm Leibniz

I. S. Narskij

# Gottfried Wilhelm Leibniz

*Grundzüge seiner Philosophie*

Akademie-Verlag · Berlin
1977

Russischer Originaltitel:
И. С. Нарский, Готфрид Лейбниц,
Изд. „Мысль“, Москва 1972.

Ins Deutsche übersetzt von Dr. Klaus Krüger, Greifswald.
Bearbeitet durch Dr. Guntolf Herzberg, Berlin, und Dr. Klaus Steiner, Berlin

Erschienen im Akademie-Verlag, 108 Berlin, Leipziger Str. 3—4

Lizenznummer: 202·100/18/78
Umschlaggestaltung: Nina Striewski
Herstellung: IV/2/14 VEB Druckerei »Gottfried Wilhelm Leibniz«, 445 Gräfenhainichen · 5023
Bestellnummer: 752 577 9 (6224) · LSV 0115
Printed in GDR
DDR 8,—

# Inhalt

# Einführung

Das 17. Jahrhundert, dem G. W. Leibniz als Philosoph angehört, hat der Welt einerseits hervorragende Schöpfer des mechanisch-materialistischen Wissens und andererseits auch Schöpfer metaphysischer Systeme geschenkt. Leibniz gehört sowohl zu den ersteren, d. h. zu den Erneuerern der Wissenschaft, als auch zu den letzteren, d. h. zu solchen Denkern, für die gleichsam die Lückenlosigkeit und Abgeschlossenheit ihrer Systeme das wichtigste war. Unter diesen zählt man Leibniz gewöhnlich zu denjenigen Philosophen, die besonders vom scholastischen Erbe abhingen und zum Bündnis mit der Religion tendierten. Leibniz gilt als ein großer Denker, weil er als *Wissenschaftler* groß war. Und als Philosoph?

Ganz ohne Zweifel stellt Leibniz' Philosophie ein geniales Gedankengebäude dar. Aber erst die Begründer des Marxismus schätzten dieses Denken so ein, wie es seiner Bedeutung entspricht. Dialektik, Logik und eine zutiefst wissenschaftliche Denkweise kennzeichnen die besten Seiten seines philosophischen Schaffens, das in vieler Hinsicht dem unserer Epoche verwandt ist. Leibniz' Philosophie nahm die positiven Leistungen der Vorgänger und Zeitgenossen in sich auf, beantwortete nicht nur ihre Fragen, sondern war in vielen Denkansätzen und Erkenntnissen ihrer Zeit weit voraus.

Im 17. Jh. war Deutschland ein im Vergleich zu anderen Staaten Westeuropas zurückgebliebenes Land. Überall existierten noch feudale Verhältnisse, die Industrie und der Handel stagnierten. Als Leibniz zwei Jahre alt war, wurde 1648 der Westfälische Frieden besiegelt, der den Dreißigjährigen Krieg beendete. Die Kanonen schwiegen, aber das Land war ruiniert, die Wirtschaft zerstört. Politisch gesehen verwandelte sich Deutschland in ein europäisches Provinznest. Auch solche Kriegsfolgen wie die neoscholastische Reaktion, die Gegenreformation, verschlimmerten die jammervolle Lage im Lande und führten zu geistigem Rückschritt.

Holland schnitt die deutschen Territorien vom maritimen Welthandel ab, es fehlten ein gesamtnationaler Markt sowie beständige Handelsbeziehungen zu den Nachbarländern; selbst bereits einmal vorhandene Verbindungen innerhalb des Landes waren zerstört – und das alles hemmte natürlich das Wachsen des nationalen Selbstbewußtseins. Diese Schwäche wurde durch die politische Zersplitterung noch vertieft: es existierten mehr als 300 deutsche Kleinstaaten, wobei in den meisten nur einige zehntausend Untertanen lebten. Die politische Beschränktheit der Territorialfürsten förderte den Konservatismus, die Verödung, den Mangel an Initiative, den äußersten Provinzialismus der Interessen und des Geschmacks.

Deutschland war von militanten Nachbarn umgeben: im Westen drohte Ludwig XIV., im Osten das noch starke Polen, auf dem Balkan standen die Kriegsscharen der Pforte. Die deutschen Fürstentümer und Herzogtümer waren außerstande, bedeutende Verteidigungsaktionen durchzuführen. Die unfähigen Regenten bevorzugten deshalb zweifelhafte außenpolitische Kombinationen, wobei sie gegeneinander intrigierten und mit ihren Soldaten handelten.

Die Zeit für grundlegende bürgerliche Umgestaltungen war für Deutschland noch nicht gekommen, auf der Tagesordnung stand allein deren Vorbereitung – die allmähliche Stärkung der nationalen, ökonomischen, politischen und kulturellen Verhältnisse, die Entwicklung des staatsbürgerlichen Selbstbewußtseins. Die Notwendigkeit von Reformen war den fortgeschrittensten Köpfen dieser Zeit bereits bewußt, und zu ihnen zählte auch der reife Leibniz. Wenn die Zustände auch noch nicht die Herausbildung eines einheitlichen deutschen Staates erlaubten, so ging es zu diesem Zeitpunkt um einheitliche nationale Bemühungen auf den Gebieten der Bildung, der Kultur und Wissenschaft. Diese Kräfte, so meint Leibniz, müßten von oben organisiert werden, damit das Licht des Wissens gleichsam von der aufgeklärten Elite auf die Häupter der einfachen Untertanen falle. Damit war Leibniz ein Ideologe des „aufgeklärten" Absolutismus. Die Stärkung der Regierungsgewalt der Territorialherren ist nach seiner Meinung das Fundament für die Errichtung einer politischen Zentralgewalt in Deutschland. Nur ein allgemeiner kultureller Aufschwung könne Grundlage für den geistigen Zusammenschluß aller Deutschen sein, ohne den eine politische Vereinigung nicht dauerhaft wäre.

Diese von Leibniz eingenommene Position stellte einen Kompromiß dar: In ihrer Absicht entsprach sie naturgemäß dem Streben der aufsteigenden bürgerlichen Schichten; sie orientierte sich auf die vorhandenen feudalen und halbfeudalen Kräfte seiner Zeit, sofern diese die Ziele des Bürgertums in die Tat umsetzten. Leibniz' politische Überzeugungen und Handlungen waren trotz ihrer Neigung zum Kompromiß für ihre Zeit und unter den Bedingungen ihrer Entstehung durchaus progressiv. Sie prägten auch seine Philosophie.

In den heftigen Religionskämpfen des 17. Jahrhunderts, die damals oft als Vorwand für eine kriegerische Auseinandersetzung dienten und in den Jahren des Dreißigjährigen Krieges die Leidenschaften anstachelten, war letztlich nur der Kompromiß in den Fragen der Religion eine annehmbare Lösung. Auf seine Weise hatte er im Text des Vertrages von Münster und Osnabrück (1648) seinen Niederschlag gefunden: „Cuius regio – eius religio" (wessen die Macht, dessen der Glaube). Aber Konfliktsituationen, die auf religiöser Grundlage basierten, konnten nicht ständig auf diese Weise beseitigt werden. Bekannt ist eine andere Weise der Konfliktlösung – daß die Territorialfürsten in ihren winzigen Hauptstädten gleich mehrere Kirchen für die Anhänger der verschiedenen Glaubensbekenntnisse errichteten. Dieser Weg entsprach dem Denken Leibniz'; er schuf mit seiner Philosophie die theoretische Grundlage für eine vollständige und offiziell anerkannte religiöse Toleranz. Er wünschte die Versöhnung aller christlichen Glaubensbekenntnisse vom Katholizismus bis zu den kleinen protestantischen Sekten, obgleich ihm selbst der Geist des Sektierertums fremd war. Seine innere Glaubenstoleranz war noch umfassender, denn seine Philosophie beruhte – wie wir sehen werden – auf einem Gottesbegriff, der weder mit dem christlichen noch mit dem mohammedanischen noch mit dem buddhistischen Ähnlichkeit hatte und gerade deshalb mit beliebigen Gottesvorstellungen in Einklang gebracht werden konnte. Nur in ihren äußeren Erscheinungsformen war Leibniz' Glaubenstoleranz durch politische Erwägungen eingeschränkt: Er träumte davon, alle durch konfessionelle Auseinandersetzungen zerstrittenen Fürsten christlicher Staaten zu versöhnen. Angesichts der drohenden Türkengefahr schien ihm einerseits ihr Zusammengehen unumgänglich zu sein; andererseits sah er hier eine Möglichkeit, die katholischen, lutherischen und reformierten Bevölkerungsteile einander näherzubringen, um hierdurch die zentrifugalen Tendenzen in den Beziehungen zwischen den deutschen Staaten abzubauen.

Auch innerhalb der Philosophie selbst strebte Leibniz nach einem ähnlichen Kompromiß analog dem zwischen Religion, Wissenschaft und Philosophie. Selbst der Religion wollte er einen aufklärerischen Charakter verleihen, um die Ideen der Aufklärung durch die „Autorität" religiöser Argumente zu untermauern. In dem Wunsch, dem Streit zwischen Kirchenglaube und Wissenschaft ein Ende zu bereiten, damit sich letztere ungehindert entfalten könne, bemühte er sich um eine Übereinstimmung theistischer Konzeptionen mit dem Naturalismus. Die Erforschung der Natur, des Lebens der Menschen und ihrer Geschichte sollte sich auf Fakten stützen und nicht mit Rücksicht auf biblische Texte betrachtet werden. Diese Position der vermittelnden Synthese ist auch für das Verhältnis Leibniz' zu den vorangegangenen philosophischen Systemen vergangener Jahrhunderte chrakteristisch. In Briefen an G. Wagner und an Des Bosses schrieb er über sich, daß er „nicht kritisch sei" und in jedem Buch das suche, was für ihn lehrreich sei, nicht aber dasjenige, was als Objekt einer Kritik in Frage komme [*61*, S. 24][1].

Viele Leibniz-Interpreten sehen in dem Bemühen des Philosophen um eine philosophische Synthese die für ihn charakteristische Neigung zur Restaurierung archaischer Systeme. W. Jahnke z. B. behauptete, Leibniz habe davon geträumt, die Position des Thomismus zu stärken. Und in der Tat erhoffte sich Leibniz von einem Kompromiß zwischen den Extremen des Mechanizismus seines Jahrhunderts und dem Erbe der besten Vertreter der Scholastik [*4*, S. 33],

[1] Die erste Ziffer in der Klammer gibt die Nummer in der Literaturliste an, unter der die bibliographischen Daten des zitierten Werkes angeführt sind. Die Literaturliste befindet sich am Ende des Buches. Bei Zitaten aus mehrbändigen Ausgaben verweist die zweite Ziffer auf die Nummer des Bandes.

zwischen dem konsequenten Determinismus und den Positionen der Willensfreiheit [*4*, S. 175ff.], zwischen der aristotelischen Logik und den neuen logischen Ideen [*4*, S. 562] einen Nutzen für den Erkenntnisfortschritt. In einem Brief an seinen Leipziger Lehrer J. Thomasius vom 20. April 1669 bemerkte er, daß man Demokrit und Platon mit Aristoteles vereinigen müsse. Mit anderen Worten, die Aufgabe bestehe darin, „die Philosophie der Form und die Philosophie der Materie zu versöhnen, indem das vereinigt und bewahrt wird, was in der einen und der anderen an Wahrem enthalten ist" [*14 (A)*, VI, S. 491ff.]. Leibniz' Hoffnung war jedoch illusorisch. Zur Verdeutlichung seiner Versöhnungsvorstellung ist zu sagen, daß er von Demokrit die Idee der Vielheit der ewigen, ihrem Wesen nach gleichartigen Elemente entlehnte, von Platon das Prinzip ihrer Hierarchie sowie die uranfängliche Realität der Begriffe und von Aristoteles und Thomas von Aquino die Behauptung der Existenz geistiger Urgründe der umgebenden Natur. Doch gleichzeitig ging Leibniz weit darüber hinaus. Sein eigenes System verharrte durchaus nicht im Eklektizismus, es war keine Erneuerung der Lehre Platons oder des Aquinaten und enthält weitaus weniger Archaismen, als es auf den ersten Blick scheinen möchte – basierte es doch auf den neuesten naturwissenschaftlichen Entdeckungen. Beobachtungen mit dem damals gerade entdeckten Mikroskop erschütterten die Zeitgenossen: Vor ihren Augen tat sich in einem Tropfen Sumpfwasser oder Sperma eine neue Welt auf. Die mikroskopischen Untersuchungen waren eine der Quellen der Leibnizschen Philosophie, wie auch die Begriffe der von ihm eingeführten Differentialrechnung sowie seine neuen Ideen auf dem Gebiet der Logik. Treffend hat daher L. Feuerbach die Leibnizsche Philosophie mit einem Mikroskop verglichen, das die feinste Struktur der Welt enthüllt [*61*, S. 39]. Das war nicht nur eine glänzende, sondern auch eine durchaus treffende Metapher, denn Leibniz war Schöpfer eines der originellsten und fruchtbarsten philosophischen Systeme der Neuzeit.

# KAPITEL I

# Leben und Tätigkeit

Gottfried Wilhelm Leibniz wurde am 1. Juli 1646, ein halbes Jahrhundert nach René Descartes und vierzehn Jahre nach Baruch Spinoza und John Locke geboren. Sein Vater war Professor der Moral an der Universität Leipzig. Er verlor diesen früh, und während seiner Studienzeit starb auch seine Mutter.

Mit 15 Jahren wurde er nach einigen Jahren autodidaktischer Beschäftigung 1661 an der Juristischen Fakultät der Leipziger Universität immatrikuliert. 1666 beendet er das Studium, wobei er ein Semester lang in Jena bei E. Weigel – dem namhaften Vertreter der mathematischen Erkenntnismethode – Vorlesungen hörte. Die Universitätsbehörden seiner Heimatstadt verweigerten Leibniz die Promotion zum Doktor beider Rechte. Jedoch weist er sein Recht auf den Doktorgrad in glänzender Form kurz darauf am 22. Februar 1667 an der Universität Altdorf bei Nürnberg nach. Leibniz lehnte die vorgeschlagene Universitätslaufbahn ab; sie hätte die Entwicklung seines originellen Denkens gehemmt. Jedoch fehlten ihm für das Leben eines unabhängigen Wissenschaftlers die finanziellen Mittel. Er war gezwungen, in den Dienst fürstlicher Personen zu treten, und in ihrer Abhängigkeit – größerer oder kleinerer in verschiedenen Zeitabschnitten – verbrachte er fortan sein ganzes Leben. Aber der zukünftige Philosoph und Wissenschaftler nutzte den geringsten Anlaß, um die Welt kennenzulernen; er benötigte die Atmosphäre der wissenschaftlichen Streitgespräche mit den geistigen Größen seiner Zeit, trat in Briefwechsel mit ihnen und erweiterte diese Korrespondenz ständig, wobei er unaufhörlich schöpferisch arbeitete, dem äußeren Anschein nach systemlos, aber in Wirklichkeit mit innerer Konsequenz. Allseitig und umfassend analysierte er alle Gegenstände und Probleme, die in seinen Gesichtskreis traten.

Ab 1668 diente Leibniz am Hofe des Kurfürsten von Mainz, wobei er eine für seine geistige Entwicklung äußerst nutzbringende Tätigkeit als Jurist, Diplomat und Historiograph ausübte. 1762 wird er nach Paris geschickt und verbringt dort vier schöpferische Jahre, wobei er in dieser Zeit seine Beziehungen zum Mainzer Hof abbricht. In Paris gelang es ihm dann, persönlichen und brieflichen Kontakt mit epochemachenden Wissenschaftlern wie Fermat, Huygens, Papin [vgl. darüber *27 b*] und angesehenen Philosophen wie Malebranche und Arnauld aufzunehmen. Leibniz interessierte alles: sowohl die Geheimnisse der Unendlichkeit als auch die automatische Reglung von Maschinen, die im Papinschen Dampfkessel angewandt wurde, schließlich die substantielle Struktur der Welt, über die die Cartesianer und ihre Gegner heiß und ergebnislos stritten. Von Paris aus unternahm Leibniz kurze Reisen nach England und den Niederlanden, wo er Newton und den Chemiker Robert Boyle kennenlernt. In Den Haag traf er 1676 mehrere Male mit Spinoza zusammen (das letzte Mal ein halbes Jahr vor dem Tode des holländischen Philosophen).

Die letzten vierzig Jahre seines Lebens – ab 1676 – stand Leibniz im Dienst der Herzöge von Braunschweig-Lüneburg. Die philosophischen Gespräche mit der Herzogin Sophie und der Königin Sophie Charlotte stellten Höhepunkte in seinem Leben dar. Aber der Fürstendienst brachte für ihn auch viel Unerfreuliches. Lange Jahre war er der Leiter der Hofbibliothek, in welcher Stellung er bei drei aufeinanderfolgenden Regenten in Hannover verblieb. Als Georg Ludwig im Jahre 1714 die englische Krone erhielt, ließ er Leibniz in Hannover zurück. Umgeben von Mißtrauen, Verachtung und dem unguten Ruf eines Halbatheisten verbrachte der große Philosoph und Wissenschaftler seine letzten Lebensjahre – mitunter ohne Gehalt und große Not leidend. Den Engländern war er verhaßt als Kontrahent Newtons im Prioritätsstreit um die Differentialrechnung; den Deutschen war er fremd und gefährlich als ein Mensch, der alles auf seine Weise umdeutete. Aber auch die Jahre vorher waren für ihn nicht leicht. Er mußte alle diese Jahre sich den Herrschern und ihren Ministern anpassen, ihre oft lästigen Aufträge erfüllen, zum Beispiel die Geschichte des Welfenhauses verfassen. Leibniz mußte dienen und sich unterwerfen: denn ohne den Schutz der Territorialfürsten war im damaligen Deutschland an wissenschaftliches Arbeiten nicht zu denken. Zahlreiche Reisen in andere Teile Deutschlands, nach Österreich und Italien, die mit der Erfüllung verschiedener, darunter auch politischer Aufträge verbunden waren, nutzte Leibniz jedoch zur Erweiterung seiner wissenschaftlichen Verbindungen. Die großen wissenschaftlichen Entdeckungen, die den Ruhm des Philosophen nach seinem Tode begründeten, entstanden nicht unter dem Segen des hannoverschen Regenten, sondern außerhalb seiner Weisungsbefugnis.

Erst viel später wurden in aller Welt Leibniz' außerordentlich umfassender Gesichtskreis und weitgesteckter Tätigkeitsbereich gewürdigt und anerkannt. Er betrachtete gleichzeitig verschiedenartige Zusammenhänge; er verknüpfte die von ihm untersuchten Probleme miteinander und versuchte zielstrebig, zum Wesen der Erscheinungen und Prozesse vorzudringen. Beim Studium seines Korrespondenznachlasses und seiner Notizen fällt ein gewisses Überquellen der Gedanken ins Auge, das durch die verblüffende Komprimiertheit und die Präzision seines Stils kompensiert wird. Hinzu treten eine außergewöhnliche schöpferische Energie und das Vermögen, vielfältigste Folgerungen aus den von ihm aufgestellten Thesen zu ziehen. Fast in jeder Arbeit schreibt Leibniz über alle Teile und Begriffe seines Systems, bringt jedoch gleichzeitig etwas Neues, das früher Geäußertes vertieft.

Newton befaßte sich zehn Jahre früher als Leibniz mit Untersuchungen, die zur Entwicklung der Differentialrechnung führten; aber Leibniz veröffentlichte bereits 1684, d. h. drei Jahre vor Newton, eine Mitteilung über eine analoge

Entdeckung. Dieser Sachverhalt veranlaßte den peinlichen Streit darüber, wem bei dieser Entdeckung die wissenschaftliche Priorität gebührt. Als Leibniz' Verdienst muß hervorgehoben werden, daß seine Behandlung der Differentialrechnung nicht nur eine bedeutend günstigere Symbolik als die des britischen Konkurrenten brachte, sondern auch mit tieferen Ideen allgemeinphilosophischen Charakters und mit einer umfassenderen Interpretation der Rolle mathematischer Abstraktionen in der Erkenntnis verbunden war.

Die Breite des Suchens und Forschens, der Reichtum und die Vielfalt der von Leibniz formulierten Ideen führten in der Geschichte der Philosophie zu unterschiedlichen Charakterisierungen seines Denkens. Die einen bezeichneten ihn als philosophierenden Logiker, die anderen als religiösen Philosophen, der in der Hauptsache von der Sorge getrieben wurde, Glaubenssätzen wissenschaftliche Autorität zu verleihen. In religiöser Hinsicht sah man in Leibniz bald den rechtgläubigen und gottesfürchtigen Theisten, bald den Pantheisten, bald den Deisten und Freidenker; in philosophischer Hinsicht bald den Vorläufer Kants, bald den Frühaufklärer, der keine eigentliche Schule hinterließ und im Grunde seine Ideen überlebte.

Wer war Leibniz aber wirklich?

Vor allem war er einer jener Wissenschaftler neuen Typs, der am Anfang der außergewöhnlichen Wissenszunahme stand, die in der Mitte des 17. Jahrhunderts einsetzte. Leibniz' Philosophie stellte die allgemeintheoretische Begründung des rückhaltlosen Dienstes an der Wissenschaft, des erkenntnistheoretischen Optimismus, des Glaubens an eine helle menschliche Zukunft in den Mittelpunkt. Im Unterschied zu Francis Bacon war er nicht nur Verkünder neuer Methoden der wissenschaftlichen Forschung, sondern schuf selbst Methoden und Kalküle. Er träumte nicht nur von Entdeckungen und der Organisation kollektiver Zusammenarbeit der Wissenschaftler, sondern er verwirklichte sie auch. Er war der große Anreger und Organisator wissenschaftlicher Akademien und Gesellschaften. Er war Mathematiker und Physiker, Staats- und Rechtswissenschaftler, Historiograph, Archäologe und Linguist, Ökonom und Politiker. Sein Wahlspruch war die berühmte Formel: „Theoria cum praxi". Er erklärte direkt: „Die philosophischen Schulen hätten zweifellos besser daran getan, die Praxis mit der Theorie zu verbinden, wie das die medizinischen, die chemischen und die mathematischen Schulen tun" [*4*, S. 496]. Ein tiefes historisches Gefühl veranlaßte ihn zu dem Schluß, daß sich alles auf der Welt entwickelt: die Erdrinde, die lebenden Organismen, die Völker und Sprachen. Die Einsicht, daß die verschiedenen Probleme miteinander zusammenhängen, führte Leibniz auf einen gewundenen, aber zutiefst gesetzmäßigen Weg. Sorge über die Folgen einer geringschätzigen Einstellung zur politischen Ökonomie veranlaßte Leibniz, sich in zahlreichen Abhandlungen mit allgemeinökonomischen Fragen zu befassen. Er beschäftigte sich auch mit den Gesetzmäßigkeiten des Geldumlaufs und stellte fest, daß das Sinken des Edelmetallwertes vom Silberimport aus den transatlantischen spanischen Gruben abhängig war. Sein forschender Blick wandte sich auch dem Bergbau in den Silbergruben des Harzes zu. Seit 1679 bemühte er sich, mit Hilfe der Windkraft Pumpen zu betreiben, die das Grundwasser in den Schächten beseitigen sollten. Mehrfache Besuche unter Tage lenkten Leibniz' Aufmerksamkeit auf die Struktur der Gesteinsschichten, durch die die Gänge der Schachtanlagen liefen. Hier entstand die Idee zur „Protagäa" (1691). Dieses Werk enthält Überlegungen über die Entwicklung der festen und der flüssigen Hülle unseres Planeten sowie über seine Besiedlung durch Pflanzen und Tiere in ur- und frühgeschichtlicher Zeit. In den „Neuen Abhandlungen über den menschlichen Verstand" werden diese Beobachtungen durch die Vermutung über die Veränderlichkeit der tierischen Arten ergänzt [*4*, S. 365f.]. Wie K. Fischer treffend bemerkt, wird für Leibniz „die Geschichte des Harzes ... zur Geschichte der Erde" [*31*, S. 189]. Die unvollendet gebliebene „Protagäa" – als Einleitung zur Welfengeschichte konzipiert – wurde noch nicht zu dem Wissenszweig, den Leibniz als „natürliche Geographie" bezeichnete; sie enthielt jedoch die Forderung, in Zukunft solche Wissenschaften zu begründen, die wir Geologie und Paläontologie nennen.

Wenn sich der große Wissenschaftler auch mit ganz verschiedenen Problemen beschäftigt hat: mit Projekten zur Aufhebung der Leibeigenschaft, mit der Organisation des Färbereiwesens, mit Fragen der Arbeitsbeschaffung für die Armen, mit Projekten zur Schaffung von Versicherungsgesellschaften, mit Rechtsgutachten, die durch historische Untersuchungen abgesichert wurden oder mit mathematischen Analysen, so verblieb er jedoch niemals nur im Rahmen der jeweiligen Frage, sondern sah stets ihren Zusammenhang mit umfassenderen und tiefergehenden Problemen. F. Engels schrieb in der „Dialektik der Natur", daß er um sich herum einen Überfluß an genialen Ideen verstreute [*1*, 20, S. 392].

Große Verdienste erwarb sich Leibniz als Organisator der Wissenschaften, des Gesundheits- und Arzneimittelwesens sowie des Buchhandels. Nachdem er 1673 Mitglied der Londoner Royal Society geworden war und in Paris die Arbeitsweise der Académie des Sciences kennengelernt hatte, regte er selbst nach diesen Vorbildern die Erforschung der Sprache und der Geschichte an. Leibniz wurde der erste Präsident der Preußischen Sozietät der Wissenschaften im Jahre 1700. Er schlug die Gründung analoger Einrichtungen für Wien und Petersburg vor. Dreimal traf er mit Peter I. zusammen, der ihn nach Rußland einlud. In der Korrespondenz über die künftige Petersburger Akademie der Wissenschaften unterstrich der deutsche Frühaufklärer die Notwendigkeit ihrer Orientierung auf die praktischen Bedürfnisse des großen und in vielem noch nicht geordneten Landes. Bekanntlich regte er bei Peter I. auch die Durchführung von Beobachtungen über die Abweichung (Deklination) der Magnetnadel an verschiedenen Orten des russischen Imperiums an. Er träumte von einer internationalen Gesellschaft der Wissenschaftler, einer Art „Republik", ausgestattet mit politischen Rechten, einer soliden technischen Basis für die Durchführung von Experimenten sowie mit umfassender Bibliothek und Archiven [5, N. 239]. Diese internationale Organisation solle die Herausgabe einer Enzyklopädie übernehmen, die dazu berufen ist, überall die neuen Wissenschaften zu verbreiten. Ein halbes Jahrhundert nach Leibniz' Tod wurde diese Aufgabe dank den Bemühungen französischer Wissenschaftler und Philosophen der Aufklärung erfüllt.

In den letzten Lebensjahren mußte Leibniz voller Bitterkeit auf seine bisherige Tätigkeit zurückblicken: Kaum verstanden, verachtet, unterdrückt und verfolgt von der ungebildeten und hochmütigen höfischen Beamtenclique, erlebte er den Zusammenbruch seiner besten Hoffnungen. Voller Resignation, aber mit dem für ihn charakteristischen Verständnis für die Wirklichkeit schrieb er: „Gäbe es keine Kriege, die Europa zerreißen, wäre seit der Gründung der ersten königlichen Gesellschaften oder Akademien sehr viel getan worden, und man könnte bereits unsere Arbeiten nutzbar machen. Aber die Mächtigen dieser Welt kennen größtenteils weder ihre Bedeutung, noch wissen sie, was sie verlieren, wenn sie den Fortschritt des ersehnten Wissens mißachten."

Unter dem dritten Herrscher – Kurfürst Georg Ludwig – ging es Leibniz besonders schlecht. Es erfolgten mehrmalige Rügen wegen „Nachlässigkeit", unsinnige Verdächtigungen, die Sperrung seines Gehaltes – so wurde der bejahrte Philosoph für seine langjährigen Dienste für das Welfenhaus belohnt. Man gab ihm hin und wieder zu verstehen, daß er nicht mehr gebraucht werde und sein Brot umsonst esse. Unter nicht ganz geklärten Umständen starb Leibniz am 14. November 1716. Die ihm verschriebene Arzenei gegen sein Gichtleiden beschleunigte nur das Ende, und kurz nach ihrer Einnahme folgte ein qualvoller Tod.

Die Mißachtung und Feindschaft der Machthaber und der Geistlichkeit verfolgten den großen Denker auch noch nach seinem Tode. Einen ganzen Monat lag der Körper des Philosophen unbestattet in einem Keller der Kirche. Die lutherische Geistlichkeit, die beinahe offen Leibniz als „gottlos" bezeichnete, zog die Möglichkeit seiner Bestattung auf einem christlichen Friedhof in Zweifel. Als endlich sich ein bescheidener Trauerzug zur Grabstätte bewegte, gingen nur wenige, zumeist zufällig Anwesende, hinter dem Sarge; vom Hofe war niemand vertreten. Einer der wenigen Zeugen dieser Zeremonie, der die Unwürdigkeit dessen erkannte, was hier vor sich ging, Ker of Kersland, bemerkte: „Dieser Mensch stellte den Ruhm Deutschlands dar, und man beerdigte ihn wie einen Räuber." Nur die Pariser Akademie ehrte feierlich Leibniz' Andenken.

Der Philosoph hinterließ ein bedeutendes gedrucktes und ein noch weit umfangreicheres handschriftliches wissenschaftlich-philosophisches Erbe.

Heute sind Leibniz und sein Schaffen der Stolz der internationalen Wissenschaft und der ganzen fortschrittlichen Menschheit. In der Deutschen Demokratischen Republik sind sein Name, seine fortschrittlichen philosophischen und wissenschaftlichen Ideen in den Bestand der sozialistischen Kultur eingegangen.

KAPITEL II

# Werke

Die wissenschaftlichen Abhandlungen der 60er bis 70er Jahre des 17. Jh. waren stark von den Ideen des mechanischen Materialismus durchdrungen. Der Einfluß der Hobbesschen Denkweise, die Leibniz sein ganzes Leben lang hoch schätzte, ist unverkennbar. Im Jahre 1671 veröffentlichte Leibniz eine Arbeit unter dem Titel „Neue physikalische Hypothese" [*13*, VI, 2, Nr. 40, S. 219–257; *14* (A) 4, S. 177–210], in der sich seine eigenen Ansichten noch nicht von den cartesianischen unterscheiden; er untersucht die Begriffe „abstrakte und konkrete Materie" und erklärt die Bewegung als eine Existenzweise der Materie (diesen Gedanken vertrat er in den Briefen an Oldenburg in den Jahren 1670–1671) [vgl. *13*, II, 1, Nr. 26ff.]. In einem an Carcavy gerichteten Brief vom 17. August 1671 [*13*, II, 1, Nr. 74] führt Leibniz die für ihn akzeptierbaren Thesen der Lehre von Hobbes und der Physik von Descartes auf. Leibniz gab seine Sympathie für die mechanistische Naturwissenschaft nie auf, wenn er auch, ebenso wie später der „kritische" Kant, deren Wirkungsbereich auf die Erscheinungen einschränkte.

Aber im Dialog „Pacidius und Philaleth oder die erste Philosophie über die Bewegung" [*17*, S. 594–627] äußert er seine Unzufriedenheit mit diesen Widersprüchen, zu denen die konsequente Weiterführung des Cartesianismus in der Theorie führt: der Begriff der abstrakt-geometrischen Bewegung kann nichts außer einer dürren Abstraktion der realen Unerschöpflichkeit der Bewegungen geben.

Leibniz' Einwände gegen die cartesianischen Ansichten von der Natur sind vom Geist eines universalen Dynamismus geprägt, wie er ihn 1676 in dem Schreiben an H. Fabri [*14* (A) IV, S. 244–261] dargelegt hat. Gleichzeitig sind sie vom Geist einer spiritualistischen Interpretation der Dynamik getragen.

1668 entwarf der Philosoph sein „Bekenntnis der Natur gegen die Atheisten" [*13*A, VI, 1, S. 489–493], in welchem noch gewisse Ideen des cartesianischen Mechanizismus enthalten sind; aber jetzt bestimmen sie bereits nicht mehr sein Weltbild. In den Briefen des Jahres 1679 kritisiert Leibniz scharf den Cartesianismus. Die dynamische und gleichzeitig idealistische Interpretation des substantiellen Wesens der Dinge fand in der Arbeit „Über die Vervollkommnung der ersten Philosophie und den Begriff der Substanz" (1694) beredten Ausdruck [*14*, (A) IV, S. 468–471; *5*, S. 137ff.], in der Leibniz das Problem der Wechselwirkung der Substanzen zu lösen versucht.

Unter den philosophischen Werken von Leibniz nehmen mehrere Aufsätze einen hervorragenden Platz ein, die von ihm nach 1685 geschrieben wurden, d. h. zu einer Zeit, als seine Lehre bereits entwickelt war. Hierher gehören folgende: „Neues System über die Natur, über den Verkehr zwischen den Substanzen, und über die Verbindung zwischen Seele und Körper" [*14*, (A) IV, S. 471–477] aus dem Jahre 1695, „Über die Natur an sich oder über die den erschaffenen Dingen innewohnende Kraft und Tätigkeit" [*14*, (A) IV, S. 504–516] aus dem Jahre 1698 und schließlich „Die in der Vernunft begründeten Prinzipien der Natur und der Gnade" [*14*, (A) VI, S. 598–606] aus dem Jahre 1714. Davon war das „Systéme nouveau de la nature ..." (1695) die erste öffentliche Darlegung der Leibnizschen Philosophie; sie wurde von der Arbeit „Specimen dynamicum" [*14*, (B) VI, S. 234–246] aus dem Jahre 1695 begleitet, die seine Ansichten zur physikalischen Natur präzisierte.

Als die hauptsächlichen Darlegungen der Leibnizschen Philosophie gelten zu Recht zwei Arbeiten: „Neue Abhandlungen über den menschlichen Verstand" und die „Theodizee". Die erste von ihnen, aus dem Jahre 1703, war ein polemisches Werk gegen den „Versuch über den menschlichen Verstand" von John Locke. Aber Locke verstarb bereits im folgenden Jahr, und Leibniz veröffentlichte seine umfangreichen Darlegungen deshalb nicht mehr. Seine Beziehungen zur englischen Öffentlichkeit hatten auch ohnedies gelitten. Die „Nouveaux essais ..." erschienen erst posthum 1755 und konnten nicht mehr den beabsichtigten Einfluß ausüben. Der Wert dieser Arbeit besteht jedoch darin, daß Leibniz anhand des weitgefächerten Lockeschen Werkes eine zwar nicht sehr systematische, aber äußerst gehaltvolle Darlegung der eigenen Ansichten zu vielen Fragen der Erkenntnistheorie gibt. Die zweite Arbeit, „Versuche einer Rechtfertigung Gottes hinsichtlich seiner Güte, der menschlichen Freiheit und des Ursprungs des Bösen", erschien 1710 und war das einzige seiner großen Werke, das zu seinen Lebzeiten veröffentlicht wurde. (Die Mehrzahl der von ihm selbst herausgegebenen Arbeiten waren Artikel, die 1686–1716 in der Leipziger Zeitschrift „Acta eruditorum" und in dem Pariser „Journal des savants" erschienen.) Die „Theodizee" entstand auf der Grundlage von Gesprächen und Briefen mit der preußischen Königin Sophie Charlotte, in denen insbesondere der Deismus John Tolands und Pierre Bayles Aufsatz „Rorarium" diskutiert wurden, der das Problem der tierischen Vernunft behandelte. Freiheit und Notwendigkeit im Denken und Verhalten vernünftiger Wesen, die Anwendungsgrenzen ihres Willens und die Dialektik von Gut und Böse waren Fragen, deren Untersuchung die „Theodizee" nicht zu einem theologischen, sondern zu einem eigentlich philosophischen Werk macht.

Die „Monadologie" von 1714 und „Entretien de Philarète et d'Ariste, suite du premier entretien d'Ariste et de Theodore" (um 1713) – mit einer Kritik der philosophischen Prinzipien Malebranches – geben ein Resümé der philosophischen Betrachtungen.

Leibniz' Briefwechsel war sehr umfangreich [*46*, S. 141ff.]: er hinterließ weit über 15000 Briefe an mehr als 1000 Adressaten in lateinischer, französischer und deutscher Sprache. Von außerordentlichem philosophischen Interesse sind seine Briefe aus den Jahren 1686–1690 an den Jansenisten A. Arnauld, einen der Autoren der berühmten „Logik von Port-Royal" [*14*, (A) II, S. 47ff.], an den Cartesianer B. de Volder in den Jahren 1698–1706 [*14*, (A) II, S. 141ff.] an den jesuitischen Theologen B. Des Bosses [*14*, (A) II, S. 287ff.] aus den Jahren 1706–1716 und den Newtonianer S. Clarke [*14*, (A) VII, S. 347ff., vgl. *15*, 1, S. 120ff.] aus den Jahren 1715–1716. Wenn man z. B. nicht Leibniz' Briefe an Arnauld berücksichtigt, kann man seine Lehre von den „wohlbegründeten Erscheinungen" nicht verstehen; läßt man den Briefwechsel mit de Volder außer acht, bleiben seine Ansichten zum Dynamismus der Substanzen unverständlich. Fragen der Interpretation der aristotelischen Entelechie, des Materiebegriffes, der Kontinuität und Diskontinuität wurden im Briefwechsel mit Des Bosses erörtert, die von Raum und Zeit in der schriftlichen Auseinandersetzung mit Clarke. Interessant sind die Briefe an den englischen Materialisten J. Toland [*22*, N. 306], an die Locke nahestehende Lady Masham [*14*, (A) III, S. 333ff.], an den Wissenschaftler van Helmont [vgl. *22*, N. 747] sowie der Briefwechsel mit S. Foucher [*14*, (A) I, S. 365ff.] und N. F. Remond [*14*, (A) III, S. 599ff.].

Einen besonderen Zyklus bilden Leibniz' Arbeiten zur Logik. Das Programm seiner logischen Untersuchungen wurde von ihm in dem Aufsatz „Dissertatio de arte combinatorica; 1666 skizziert [*13*, VI, 1 N. 8, S. 163ff.; *14*, (A) IV, S. 27ff.]. Seine Interpretation des Charakters der Logik als Wissenschaft wurde in der kleinen Abhandlung „Über Definition und Beweis" dargelegt. Aber eine wirkliche Vorstellung von Leibniz' Größe als Logiker geben die Veröffentlichungen nach seinem Tode sowie die verschiedenen Entwürfe, Fragmente und Bemerkungen, die lange Zeit nicht untersucht wurden und kaum bekannt waren. Ein Teil wurde 1960 von F. Schmidt veröffentlicht [*19*]. Das Archiv der Leibniz-Handschriften in Hannover zählt etwa 75000 Stücke.

Bisher ist noch keine vollständige Ausgabe der Werke von Leibniz erschienen, obgleich es in den europäischen Sprachen etwa einhundert Teilsammlungen gibt. Die wertvollste der vorhandenen Ausgewählten Werke ist die vierzehnbändige Ausgabe von K. Gerhardt (1875–1890), die sieben Bände philosophische Arbeiten und sieben Bände mathematische Werke enthält. Im Jahre 1923 begann die Berliner Akademie der Wissenschaften mit der Veröffentlichung „Sämtlicher Schriften und Briefe" des Philosophen in einer historisch-kritischen Gesamtausgabe, die auf 40 Bände vorgesehen war. Durch die Herrschaft der Faschisten wurde die Edition verzögert. Heute bemüht man sich in der DDR und in der BRD um die Fortführung dieser Ausgabe.[2]

[2] Bisher sind erschienen: Gottfried Wilhelm Leibniz, Sämtliche Schriften und Briefe, Hrsg. v. d. AdW der DDR in Zusammenarbeit mit der Leibniz-Forschungsstelle in Münster u. d. Leibniz-Archiv in Hannover:

Reihe I: Allgemeiner politischer und historischer Briefwechsel

Die Literatur über Leibniz ist sehr umfangreich. Sie ist jedoch in speziellen Bibliographien leicht zu ermitteln [vgl. *22*; *23*; *48*; *49*]. In der Zeitschrift „Studia Leibnitiana", die seit 1969 von der Leibniz-Gesellschaft in Hannover herausgegeben wird, werden alle neu erscheinenden Titel (auch Nachdrucke) jährlich verzeichnet. An Teilsammlungen in deutscher Übersetzung, an deutschen Schriften oder einzelnen philosophischen Werken in deutscher Übersetzung seien genannt:

G. W. Leibniz: Hauptschriften zur Grundlegung der Philosophie.

– Bd. I: Zur Logik und Methodenlehre; Zur Mathematik; Zur Phoronomie und Dynamik; Zur geschichtlichen Darstellung des metaphysischen Systems. Leipzig 1904 [=*15*,1]

– Bd. II: Zur Metaphysik (Biologie und Entwicklungsgeschichte; Monadenlehre). Leipzig 1906 [=*15*,2]

– Bd. III: Neue Abhandlungen über den menschlichen Verstand. In dritter Aufl. neu übers. u. erl. v. E. Cassirer. Leipzig 1915 [=*4*]

– Bd. IV: Theodizee. Übers. v. A. Buchenau. Leipzig 1925

G. W. Leibniz: Kleinere philosophische Schriften. Hrsg. und übers. v. R. Habs (1884). Leipzig 1966 [=*3*]

G. W. Leibniz: Schöpferische Vernunft. Schriften aus den Jahren 1668–1686. Ausgew., übers. u. erl. v. W. v. Engelhardt. Marburg 1951.

G. W. Leibniz: Fragmente zur Logik. Ausgew., übertr. u. erl. v. F. Schmidt. Berlin 1968 [=*19*]

Leibniz (Teils.). Auswahl und Einleitung v. F. Heer. Frankfurt a. M. und Hamburg 1957

1. Band 1668–1676. Darmstadt 1923. Nachdr. Berlin 1970; 2. Band 1676–1679. Darmstadt 1927. Nachdr. Berlin 1970; 3. Band 1680–1683. Berlin 1970. Unverändert. Nachdr. der Erstausgabe von 1938; 4. Band 1684–1687. Berlin und Leipzig 1950; 5. Band 1687–1690. Berlin 1970. Unverändert. Nachdr. der Erstausgabe von 1954; 6. Band 1690–1691. Berlin 1970. Unverändert. Nachdr. der Erstausgabe von 1957; 7. Band 1691–1692. Berlin 1964; 8. Band 1692. Berlin 1970; 9. Band 1693. Berlin 1975;

Reihe II: Philosophischer Briefwechsel

1. Band 1663–1685. Berlin 1972. Unverändert. Nachdr. der Erstausgabe von 1926. 2. Band 1686–1695 (in Vorbereitung)

Reihe III: Mathematischer, naturwissenschaftlicher und technischer Briefwechsel

1. Band 1672–1676. Berlin 1975

Reihe IV: Politische Schriften

1. Band 1667–1676. Berlin 1971. Unverändert. Nachdr. der Erstausgabe von 1931; 2. Band 1677–1687. Berlin 1963; 3. Band 1676–1690. (in Vorbereitung); 4. Band 1691–1699. (in Vorbereitung); 5. Band 1700–1716. (in Vorbereitung)

Reihe V: Historische Schriften (in Vorbereitung)

Reihe VI: Philosophische Schriften

1. Band 1663–1672. Berlin 1971. Unverändert. Nachdr. der Erstausgabe von 1930. 2. Band 1663–1672. Texte. Zweite Hälfte, Nachträge, Kommentare und Register. Berlin 1966; 6. Band „Nouveaux essais sur l'entendement humain". Berlin 1962.

Reihe VII: Mathematische, naturwissenschaftliche und technische Schriften (In Vorbereitung)

G. W. Leibniz: Kleinere Schriften zur Metaphysik. Hrsg. und übers. v. H. H. Holz. Frankfurt a. M. 1965
G. W. Leibniz: Politische Schriften. Bd. I und II, Hrsg. und eingel. v. H. H. Holz. Frankfurt a. M. 1966f.
G. W. Leibniz: Fünf Schriften zur Logik und Metaphysik. Übers. u. hrsg. v. H. Herring. Stuttgart 1966
G. W. Leibniz: Deutsche Schriften (Teils.). Hrsg. v. Schmied-Kowarzik. Leipzig 1916
Leibniz, G. W.: (Teils.) Die Hauptwerke. Deutsch. Zusammengefaßt und übertr. v. G. Krüger. Leipzig 1933.

KAPITEL III

# Theoretische Voraussetzungen der Lehre

Leibniz' Lehre ist außerordentlich vielschichtig, und man kann sie nur richtig werten, wenn man ihre Aspekte im einzelnen verfolgt. Einer von ihnen ist die Wechselwirkung der Kategorien *Einzelnes* und *Vieles*, die in die Dialektik von *Wesen* und *Erscheinung* übergeht [23]. Die in diesem Zusammenhang behandelten Fragen waren traditionell bedingt und wurden durch die Erfolge der Naturwissenschaft des 17. Jh. erneut aufgeworfen; Leibniz verflocht Antworten auf diese Fragen in seine eigenen Konstruktionen. Der Zukunft hinterließ er die Aufgabe, präzisere Lösungen zu finden.

Die historisch-philosophischen Voraussetzungen seiner Lehre liegen in jenen Widersprüchen und Schwierigkeiten, die in den zwei anderen großen Systemen des Jahrhunderts zutage treten – denen von Descartes und Spinoza. Sie verflochten sich mit der Problematik, die durch das Zusammentreffen zweier großer physikalischer Weltbilder entstanden war, des Cartesianischen und des Newtonschen. Diesen zwei Weltbildern stellte Leibniz sein eigenes gegenüber, das im Altertum von Anaxagoras dunkel erahnt und jetzt erstmalig umrissen wurde.

Leibniz sah, daß Spinoza den Dualismus Descartes' nicht überwinden konnte: Spinoza ersetzte die cartesianische Aufspaltung der Welt in zwei Substanzen – in die körperlich-ausgedehnte (res extensa) und die gedanklich-geistige (res cogitans) – durch die Aufspaltung der einen Substanz in die Attribute „Ausdehnung" (extensio) und „Denken" (cogitatio). Aber gleichzeitig ließ der Monismus Spinozas der realen Vielgestalt der Modi (den Erscheinungsformen der Substanz) keinen Raum: Sie sind zwar vielgestaltig, aber ihre Quelle ist die unverständliche Willkür oder Laune des Selbstausdrucks der Attribute, da – nach einem Ausdruck von L. Feuerbach – diese Vielgestalt für die „monochromatische" Substanz nicht notwendig und somit überflüssig ist. Ähnliches widerfuhr bei Spinoza auch dem Begriff der Freiheit: Die weise Formel der Freiheit als erkannte Notwendigkeit war in den eisernen Rahmen der Substanz gepreßt und durch erbarmungslosen Fatalismus unterdrückt.

Folglich bestand die Aufgabe darin, die unendliche Vielfalt der Wirklichkeit aus dem Inhalt ihrer substantiellen Grundlage selbst zu erklären, aus einer einheitlichen, aber gleichzeitig in sich sehr differenzierten Grundlage. Die Mannigfaltigkeit der Welt ist keine Illusion, sondern realer Ausdruck der Struktur ihres Wesens. Sie besteht darin, daß sich das Wesen nicht nur in der Vielfalt der

Erscheinungen äußert, sondern auch innerhalb der eigentlichen Einheit vielfältig differenziert.

Leibniz strebte danach, das Zerreißen der Welt in zwei Substanzen oder zwei Attribute durch die Abgrenzung ihres Wesens und ihrer Erscheinung zu ersetzen; das würde einerseits dem lebendigen Gewebe der tiefen Einheit der Welt keinen Schaden zufügen; andererseits würde es erklären, auf welche Weise der Pluralismus der Erscheinungen aus dem Monismus der Wesenheiten erwächst. Das Problem der Wechselbeziehung von *Wesen* und *Erscheinung* wurde von Leibniz auf Kant vererbt und über diesen auf den deutschen Idealismus des ersten Drittels des 19. Jh. Seine Lösung durch Leibniz bestand darin, das Wesen der Welt in ihrer Vielfalt festzuhalten: diese Vielfalt gleichzeitig als Einheit und damit als unendliches System zu begreifen. Diese Dialektik ging, was ihre Gedankentiefe anbetrifft, über viele später gebrachte Lösungen hinaus. Sie gestattete auch eine andere Lösung des Problems der Freiheit.

Das cartesianische Weltbild erregte ebenfalls die Unzufriedenheit von Leibniz. Wenn er mit Descartes auch darin übereinstimmte, daß die Welt in sich keine „Unterbrechungen" im Sinne des Newtonschen leeren Raumes enthält, so konnte er keinesfalls die gegenseitige Isoliertheit von Materie und Geist akzeptieren, wie sie die Physik und Metaphysik Descartes' postulierte: dort, wo nach Descartes die körperliche Substanz herrscht, tritt passive Ausdehnung zutage und ist kein Raum für innere und schon gar nicht für geistige Aktivität vorhanden; dort aber, wo Descartes denkende Substanz postulierte, befindet sich der Geist in der Selbstisolierung und besitzt keine Entwicklungsstufen von Unbewußtem zu immer Bewußterem.

In Descartes' Philosophie bemerkte Leibniz auch Inkonsequenzen, die die Möglichkeit boten, den engen mechanistischen Horizont der cartesianischen Physik zu überwinden. Dies hatte Newton begonnen, aber nicht abgeschlossen. Die Descartesschen Trägheitskräfte durchbrachen die Monotonie der Welt der „kraftlosen" Ausdehnungen. Descartes sah bereits in seiner Erklärung für die Dichte und Widerstandsfähigkeit der Körper ein fundamentales Problem, das mit der Geometrie nicht zu lösen war. Die Physik läßt sich eben nicht auf die Geometrie reduzieren, und Descartes' Fehler bestand darin, die „Ausdehnung" als das Wesen der materiellen Substanz zu betrachten. Ausdehnung kann aber keine Substanz sein, da sie weder den Widerstand der Körper noch ihre Struktur und ihre Dynamik erklären kann, denn auch die von Descartes angenommene Mannigfaltigkeit der Teilchengröße erweist sich als unbegründet. Dem fügte Leibniz typisch rationalistische Argumente im Geiste seines Jahrhunderts hinzu: Ausdehnung kann schon deshalb nicht substantiell sein, weil jede Substanz „einfach" ist, d. h. unteilbar sowohl im logischen als auch im realen Sinn sein muß. Ausdehnung wird logisch in Kontinuität, Vielheit und Koexistenz zerlegt, was ihrer Kompliziertheit in geometrischem Sinne entspricht.

In einem philosophischen Weltbild müssen nicht nur räumliche Ausdehnung, sondern auch Kräfte einen gebührenden Platz finden, die das Gewebe des Weltalls im physikalischen Weltbild durchdringen. Die Rolle, die die Newtonschen Kräfte spielten, war unzureichend, sie mußte philosophisch begründet und entwickelt werden. Descartes verzichtete darauf, Spinoza begründete etwas Entgegengesetztes – nicht die Aktivität der Modi, sondern ihre passive Abhängigkeit von der unveränderlichen Substanz.

Im Gegensatz zu Descartes und Spinoza bestimmte Leibniz den Platz der Kräfte nicht in den Erscheinungen der Welt, sondern direkt in ihrem Wesen. Sie erfüllen es ganz, sie sind das Wesen selbst. In den Erscheinungen zeigen die Kräfte ihre Wirkungen, wenn auch die Kräfte nicht selbst zu sehen sind, sondern die Folgen ihrer Aktivität; im Bereich des Wesens ist diese Aktivität rastlos am Werk, aber sie ist unsichtbar, da sie von sinnlichen Erscheinungen „zugedeckt" ist. Da die Kräfte nichtsinnlicher Natur sind, so sind sie auch – und hier schlußfolgert Leibniz bereits falsch – nicht materiell. Gleichzeitig wirken die Kräfte auf Schritt und Tritt unbewußt, d. h. sie besitzen *noch kein* Bewußtsein. So vereinigen sie in sich das, was von Descartes getrennt worden war – Geistigkeit und Unbewußtheit.

Aber noch wichtiger ist, daß Leibniz die Einheit der Welt sofort auf *zwei Ebenen* wiederherstellt: einerseits hinsichtlich ihres Wesens, da dieses von Myriaden von Kräften gebildet wird, die in ihrer Individualität alle unterschiedlich und gleichzeitig in ihrer Nichtstofflichkeit identisch sind; andererseits in der Wechselwirkung von Wesen und Erscheinungen, die beide so miteinander vereinigt wie die Ursachen mit ihren Wirkungen und Folgen. Im Bereich der Erscheinungen macht sich ihre Einheit mittelbar geltend; sie selbst sind an und für sich von unterschiedlicher Gestalt und unterschiedlicher Qualität.

In den Überlegungen, die die Begriffe „Nicht-Materie", „Nicht-Stofflichkeit" und „Geistigkeit" identifizieren, begeht Leibniz den typischen Fehler des Idealisten, der es nur mit dem metaphysischen Begriff der Materie zu tun hat. Einen analogen Fehler bemerken wir ebenfalls in der noch aus der Antike stammenden Identifizierung der Kräfte und Lebensprozesse – im Sinne von „Lebenskraft" – woraus die falsche Identitätskette Substanz – Kraft – Leben – Geist entstand. Die fast unbegrenzte Individualisierung der Dinge und Prozesse führt Leibniz teilweise an den Rand des Nominalismus [*14*, (A) IV, S. 449f.; *4*, S. 297f., 319f., 366], wenn er sich auch immer wieder von dieser vereinfachten Position entfernt, die für viele Wissenschaftler des 17. und 18. Jh. so charakteristisch war. Dafür hob Leibniz im Unterschied zu Spinoza die Bedeutung des individuellen Objekts in der Philosophie auf eine bisher unerreichte Höhe.

Im Ergebnis zeichnet sich folgendes Bild ab: Die Wesenheiten sind einfach, d. h. unteilbar und folglich ohne Ausdehnung; die Erscheinungen sind kompliziert, teilbar und besitzen Ausdehnung. Die Wesenheiten enthalten Energie als Sublimierung des Geistes, der Geist aber ist die Quelle für die Höherentwicklung der Energie; Erscheinungen sind ein sinnliches Zutagetreten der geistigen Energie; es ist das, was in der sinnlichen Wahrnehmung durch materielle, geometrische, kinematische und physikalisch-dynamische Begriffe gekennzeichnet wird. Alles Geistige ist Kraft, und jede Kraft ist Substanz. Entsprechend werden der Zahl der Kräfte ebensoviele Substanzen zugeordnet und zumindest ebensoviele Manifestationen derselben nach außen angenommen.

In der Philosophie erweist sich die Welt speziell als System von Substanzen (Kräften). Die Einheit und die unerschöpfliche Vielfalt der Wesenheiten und der Erscheinungen kann ihre Synthese nur in den Begriffen der alles durchdringenden Organisiertheit, der geordneten Strukturiertheit finden. Es existieren unendlich viele Substanzen (Kräfte) als Konzentrationszentren kolossaler Energien, da weder die Begrenztheit ihrer Anzahl und noch weniger ihre Einmaligkeit die unbegrenzte Unerschöpflichkeit der Erscheinungen gewährleistet und das „weltumfassende Gefängnis" des Fatalismus überwinden könnten. Eine absolute Entgegensetzung von Substanzen (Kräften) zueinander würde die Einheit der Welt zerstören und die Philosophie zum Dualismus Descartes' zurückführen. Der Ausweg aus dieser Situation besteht darin, die Struktur der Beziehungen zwischen den Substanzen so zu charakterisieren, daß die erstaunliche gegenseitige Übereinstimmung und Ordnung ihrer Wirkungen erklärt werden könnte, wovon indirekt alle Einzelwissenschaften der drei Bereiche Natur, Gesellschaft und Denken zeugen.

Man muß auch das Prinzip der Einheit der Welt charakterisieren, das die Kakophonie der voneinander unabhängigen Substanzen zu einem geordneten, harmonischen Chor vereinigt. Leibniz begann, dieses Problem mit der Vorstellung von einer ursprünglichen, d. h. einer prästabilierten Harmonie der Welt und mit einem Gottesbegriff zu lösen, der die aufsteigende Reihe der Substanzen abschließt.

Leibniz' originelles philosophisches System entstand nicht auf einmal. Leibniz schrieb, daß er bereits in seiner Jugend „auch auf die Ansicht vom Leeren und den Atomen verfiel" [*15*, 1, S. 153]. Sein späteres System nahm Elemente aus dem Mechanizismus von Hobbes, aus der Physik von Descartes und der Atomistik von Gassendi in sich auf und entwickelte sich zum objektiven Idealismus. Dabei wurde Descartes' Rationalismus nicht nur beibehalten und weitergeführt, sondern erfuhr auch eine Umgestaltung: Leibniz' Panlogismus bewahrte einerseits das Descartessche Mißtrauen gegenüber der Induktion und erkannte andererseits gleichzeitig die Notwendigkeit von Wahrscheinlichkeits- und überhaupt von Näherungsmethoden in der Forschung. Der Philosoph war mit der neuen dynamischen Weltinterpretation verwachsen, in der auf eigenständige Weise die „Kräfte" Newtons und überhaupt alle Ergebnisse der geometrisierten Mechanik des 17. Jh. vereinigt waren.

Das Motiv der großen Synthese durchdringt Leibniz' ganzes System. Anderthalb Jahrhunderte vor Hegel betrachtete er die Geschichte der vergangenen Philosophie nicht als Anhäufung von Fehlern und Irrtümern, sondern als Quelle großer Lehren und großer Vermutungen [*4*, S. 566]. Ein weiterer Lehrmeister für das neue System war die Wissenschaft seiner Zeit: Die naturwissenschaftlichen Entdeckungen standen an der Wiege der Leibnizschen Monadologie.

KAPITEL IV

# Methode

## Unterschied und Identität

Das Lebendigste und Unvergängliche in Leibniz' Philosophie ist seine Methode: Sie ist voller hervorragender Ideen und in ihrer Bedeutung noch gar nicht voll erkannt worden. Die große Achtung, die Leibniz als Philosoph und Wissenschaftler von Marx, Engels und Lenin entgegengebracht wurde, hängt vor allem mit dem dialektischen Wesen seiner Methode zusammen. In schöpferischer Weise wandte er diese Methode vielfach in Naturwissenschaft und Mathematik an. Dadurch unterscheidet sich der große Aufklärer von Hegel, für den die naturwissenschaftlichen und mathematischen Resultate nur Beispiele für die „Allmacht" der philosophischen Spekulation waren, und dazu noch Beispiele niederster Art. Hegel interpretierte sie als Verstandesfakten, die parallel zu einer „vernünftigen" Konstruktion verlaufen und bestenfalls Merkmale der unvollständigen Dialektik des „Endlichen" tragen, jedoch nicht bis zur Fülle der Dialektik des absoluten Geistes aufsteigen. Die Wirksamkeit seiner Methode verdankt Leibniz nicht nur seiner Befähigung als Wissenschaftler, sondern auch dem glücklichen Umstand, daß er der richtigen Lösung der Frage nach dem gegenseitigen Verhältnis von formaler Logik und Dialektik in der Erkenntnis außerordentlich nahe war. Ohne diese Klärung kann die Denkmethode kein wirkungsvolles Instrument der experimentellen Tätigkeit und ihrer theoretischen Durchdringung sein.

Allgemeine methodologische Grundlage der Lehre des deutschen Aufklärers war der *Rationalismus*. Das führte dazu, daß die Prinzipien der Erkenntnismethode bei dem Philosophen auch zu Prinzipien des ontologischen Systems wurden, und die Gesetze der formalen Logik erlangten sowohl allgemeinmethodologische als auch ontologische Bedeutung. Für die Mehrheit der Rationalisten des 17. Jh. war die Wahrheit unabdingbar absolut, vollständig, ewig und unveränderlich; sie war allgemein, unbedingt und verbindlich. Leibniz teilte nicht in allen Momenten diesen für die Rationalisten seiner Zeit typischen Standpunkt, der die Tatsache der Einheit der Welt entstellte und vereinfachte. Er stimmte ihnen (z. B. Spinoza) im großen und ganzen jedoch darin zu, daß die realen Zusammenhänge und Beziehungen der Welt ihrer Struktur nach mit den logischen Zusammenhängen identisch sind und die Ursachen den rationalen und verstandesmäßig faßbaren Gründen entsprachen. Deshalb kann die Substanz nur solche Eigenschaften haben, die aus ihrem Wesen (ihrer Natur) logisch folgen. Die Gesetze der Welt lassen sich auf die Gesetze der Logik reduzieren, die der Philosoph aus der Tiefe des eigenen Bewußtseins ableitet. Allerdings gibt Leibniz keine erschöpfende Behandlung dieser Identität: Er war nicht der Ansicht, daß alle logischen Zusammenhänge und Relationen sich damit im Sinne einer gegenständlichen Existenz als real erweisen müssen, denn darauf beruht seine Unterscheidung zwischen existierenden und möglichen Welten. Leibniz negiert keineswegs, daß Wahrscheinlichkeitsaussagen Wissen darstellen. Im Gegenteil, seine rationalistischen Ansichten gaben ihm die Möglichkeit, auf die vollständige ontologische Kraft der Prinzipien seiner Methode zu bauen.

Als Grundprinzipien der Leibnizschen Methode kann man die folgenden vier herausstellen:

1. das Prinzip der allgemeinen Unterschiede,
2. das Prinzip der Identität der nicht unterscheidbaren Dinge,
3. das Prinzip der allgemeinen Kontinuität,
4. das Prinzip der Monadendiskretheit.

Mit diesen Prinzipien werden Gesetze der Logik und Thesen verknüpft, die für die Leibnizschen Lehren zwar nicht spezifisch sind, die jedoch als Merkmal der ganzen progressiven philosophischen Tradition gelten. Hierzu gehören das Prinzip der Kausalität sowie die speziell ontologischen Thesen seines Systems wie das Prinzip der Teleologie, das Prinzip der allgemeinen Vollkommenheit und des Strebens nach seiner Vergrößerung u. a. m. Im Endeffekt ergibt sich ein recht kompliziertes Bild von der Struktur der Leibnizschen Methode. Es ist kein Zufall, daß sich in der philosophischen Literatur die Frage nach der inneren Struktur der Leibnizschen Methode zu einem ganzen Problem entwickelte, so daß eine einmalige Beurteilung der differenzierten Zusammenhänge zwischen ihren einzelnen Gliedern allein nicht genügt.

Das *Prinzip der allgemeinen Unterschiede* kann man als das Ausgangsprinzip in den Aussagen des Philosophen über das Sein bezeichnen, auch seine Rolle in der Erkenntnis ist bedeutend. Denn Leibniz vertrat weder das atomistische Weltbild mit seinem Monismus der qualitativ homogenen Teilchen noch die primitiven Lösungsversuche des idealistischen Monismus. Er rechnete mit der Tatsache der unerschöpflichen Mannigfaltigkeit der sinnlich wahrnehmbaren Erscheinungen und sah in den Konstruktionen von Platon und Aristoteles, in denen keine einzige „Idee" oder „Form" irgendeine andere wiederholt, etwas, was seiner eigenen Interpretation nahekommt. Alles in der Welt Existierende ist unwiederholbar, jedes Ding, jeder Prozeß unterscheidet sich von jedem anderen, alle sind unikal.

Entsprechend dem Prinzip des Unterschieds bleiben zwei Dinge verschiedene Dinge, selbst wenn sie in allen übrigen Beziehungen völlig gleich wären und sich nur durch ihre Nummern, zum Beispiel $n$ und $n+1$ unterscheiden würden. „*Es gibt entschieden nirgends vollständige Ähnlichkeit*" (das ist – so betont Leibniz – eine seiner wichtigsten Thesen). Es gibt keine zwei gleichen Wassertropfen zwei gleiche Blätter am Baum, gleiche menschliche Seelen usw. [*15*, 1, S. 173f.]

Die Unterschiede in der Entstehungsweise und in der Geschichte der Veränderung und Entwicklung der Dinge führen auch zu ihrem unterschiedlichen Zustand, denn deren Vergangenheit ist auch im gegenwärtigen Zustand anwesend und kann nicht ignoriert werden. Wie die Dinge auch immer der Form, der Größe und dem Material nach gleich sein mögen, sie sind nicht identisch und können es nicht sein. Sie können der Qualität und der Quantität der sie bildenden Teilchen nach und in ihrer Struktur völlig einander gleichen; sie tragen dennoch den unverwischbaren Stempel des Vergangenen, d. h. ihrer unterschiedlichen Entstehung. Sogar das einzelne Ding unterliegt Veränderungen und ist selbst mit dem nicht mehr identisch, was es früher war. Leibniz führt ein Beispiel an: wie groß die Ähnlichkeit des Schiffes von Theseus vor und nach seiner allmählichen Erneuerung auch gewesen sein mag, es ist doch nicht mehr ein und dasselbe Schiff.

Es erhebt sich die Frage, ob die unterschiedliche Anordnung der Dinge in Raum und Zeit auf die Lösung des Problems der Nichtidentität der Dinge einen Einfluß hat. Die numerische Vielfalt ist durch die räumlichen Unterschiede bedingt. Sofern Leibniz der Ansicht ist, daß der numerische Unterschied an und für sich allein nicht zählt, erweisen sich von seinem Standpunkt aus die räumlichen Merkmale als unwesentlich. Was die Unterschiede im zeitlichen Zustand betrifft, so ist ein Ding in der Zeit $m + n$ dasselbe Ding wie in der Zeit $m$, aber es hat einige Veränderungen erlitten und ist folglich mit dem früheren Ding dennoch nicht mehr identisch. Es könnte buchstäblich nur dann dasselbe Ding in allen Beziehungen außer dem zeitlichen sein, wenn es absolut unveränderlich bliebe. Da Leibniz die Möglichkeit solcher Fälle ablehnt, setzt sein Prinzip der allgemeinen Unterschiede notwendig auch allgemeine Veränderlichkeit voraus.

Was behauptet denn Leibniz nun eigentlich, wenn er das Prinzip der allgemeinen Unterschiede formuliert? Der Philosoph erklärt damit, daß die Mannigfaltigkeit der Erscheinungen eine empirische Tatsache ist; Mannigfaltigkeit und große Unterschiedlichkeit sind nicht nur den Erscheinungen eigen, sondern auch den *Wesenheiten*, wobei gerade im Charakter der Wesenheiten die Quelle für die Mannigfaltigkeit der Erscheinungen liegt. Als Leibniz dieses Prinzip aufstellte, negierte er damit die strenge, buchstäbliche *Wiederholbarkeit* von Dingen, die mit ein und demselben Ding zu verschiedenen Momenten seines Seins oder seines Lebens koexistieren. Er behauptete auch, daß es bei der Verknüpfung von Dingen, bei Situationen und in Prozessen keine buchstäbliche Wiederholbarkeit gibt.

Wenn man unter Vorbehalt alle in der Welt existierenden Dinge auf einer geraden Linie so anordnet, daß die verschiedenen Dinge auf ihr nur verschiedene Plätze einnehmen dürfen, so behauptet dieses Prinzip, daß alle Dinge auf dieser Linie eine unterschiedliche Lage haben.

Man kann sich jedoch leicht vorstellen, daß dennoch völlig gleiche Dinge existieren könnten – z. B. zwei Kreise mit gleich großem Radius –, die nicht an ein und derselben Stelle angeordnet sind. Stimmen sie deshalb aber nicht überein? Das bedeutet scheinbar einen Verstoß gegen dieses Prinzip. Weist man nun diese

Situation z. B. mit dem Hinweis zurück, daß man einen Kreis niemals absolut genau zeichnen könne, steht dem entgegen, daß Leibniz eben Rationalist ist, und deshalb müssen für ihn die logischen bzw. mathematischen Zusammenhänge den realen entsprechen, wobei die letzteren sogar die Extrapolation der ersteren darstellen. Aber für Leibniz sind die raum-zeitlichen Zusammenhänge und die essentiell-logischen Zusammenhänge nicht gleichwertig. Die oben skizzierte Situation ist nach Leibniz logisch unmöglich, was gerade zur Bestätigung der Allgemeinheit des Prinzips des Unterschieds wichtig ist. Die rein numerischen Unterschiede sind prinzipiell unwesentlich und geben nicht die Möglichkeit, die Dinge im Einklang mit ihrem Wesen zu unterscheiden: ein Kreis mit einem bestimmten Radius in seiner „rein" geometrischen Form existiert nur im Denken, d. h. im logischen Raum, für den ein „Früher" oder „Später" bedeutungslos ist. Dagegen erweisen sich die räumlichen Unterschiede zwangsläufig als nicht nur nominal-numerisch, da sie für beide Kreise das Auftauchen von ungleichen qualitativen Wechselbeziehungen mit naheliegenden Punkten, Flächen usw. bedeuten.

Zu demselben Ergebnis führt auch die direkt entgegengesetzte (logisch mögliche) Annahme, – die Behauptung der allgemeinen Unterschiede. Nimmt man an, daß die numerischen Unterschiede wesentlich sind, dann sind sie bereits nicht mehr bloße numerische Unterschiede. Man muß annehmen, daß sie so oder anders im Wesen der Dinge wurzeln, d. h. Wesensunterschiede bedeuten.

Diese zwei einander entgegengesetzten Standpunkte werden von einem dritten aufgehoben, der sie vereinigt: die numerischen Unterschiede sind Erscheinungen (Manifestationen), die durch die Unterschiede in der Geschichte und in den Schicksalen der Wesenheiten bedingt sind. Folglich sind die Dinge niemals nur den numerischen Charakteristiken nach wie der Reihenfolge ihrer Entstehung, der Nummer oder der räumlichen Anordnung verschieden: sie unterscheiden sich immer mehr als nur numerisch. Deshalb kann man Kant nicht zustimmen, wenn er Leibniz vorwirft, seine These über Identität und Unterschied sei kein Naturgesetz, sondern eine Regel zum Vergleich von Begriffen, die nicht berücksichtigt, daß verschiedene Orte im Raum von völlig gleichartigen Dingen eingenommen werden könnten [*53*, S. 363f.]. Was Kants Hinweis auf die Begriffsregel betrifft, so ordnen sich für Leibniz sowohl Begriffe als auch reale Objekte ein und denselben grundlegenden Gesetzen (Prinzipien) unter.

Somit „besteht das Wesen von Identität und Unterschied nicht in Zeit und Ort" [*4*, S. 240]. Alle Dinge und Prozesse sind unterschiedlich, da ihre *wesentlichen* Eigenschaften nicht gleichartig sind. Das ermöglicht es, das Besondere in Leibniz' Auffassung über Identität aufzudecken, und es zeugt davon, wie umfassend er an die Erarbeitung der Methode heranging. Zum Beispiel werden von ihm die nominalen Unterschiede in der Zeit dann nicht berücksichtigt, wenn er die grobe Newtonsche Interpretation der Zeit, als einer sich sozusagen „außerhalb" der Dinge befindlichen Veränderung und Entwicklung, zugrunde legt.

Das Prinzip der *allgemeinen Unterschiede* weist auf die qualitative Vielgestalt der Welt hin. Die Wirklichkeit, die nach Bacon mit den Worten von Marx durch ihren „poetisch-sinnlichen Glanz den ganzen Menschen“ anlacht [*1*, 2, S. 135], war in dieser ihrer dialektischen Seite auch Leibniz zugewandt. Seine These: „Zwei individuelle Dinge können nicht vollkommen identisch sein“ (*4*, S. 14) findet im modernen wissenschaftlichen Weltbild weitgehende Unterstützung. „Es gibt keine zwei ähnlichen Teilchen“, schreibt z. B. der Physiker P. Vigier, „da sie nur insofern ähnlich sind, wie wir sie im Analyseprozeß aus jener unendlichen Menge von Parametern herausnehmen, die uns gegenwärtig verborgen sind“ [*50*, S. 103]. Indem sich zwei beliebige Mikroteilchen in verschiedenen Verknüpfungen und Beziehungen befinden, erweisen sie sich als ungleichartig. Noch weniger umstritten ist die Individualisierung in komplizierten Systemen, besonders in Erscheinungen des Lebens und der sozialen Beziehungen. Es gibt niemals zwei identische lebende Zellen, wie das Elektronenmikroskop beweist. Sogar in den Virusmolekülen gibt es individuelle Unterschiede hinsichtlich ihrer ungleichartigen Fähigkeit zur Mutation, die durch ihre individuelle genetische Information bedingt ist.

Durch die Anwendung seines Prinzips gerät Leibniz mitunter in die Nähe des Nominalismus: Er rät den Lesern, sich zu entschließen, die abstrakten Dinge fortzuwerfen und nur konkrete Termini zu verwenden „und in den wissenschaftlichen Beweisen keine anderen Ausdrücke zuzulassen als solche, die substantielle Subjekte bezeichnen“ [*4*, S. 225]. Aus der These, daß alles individuell ist, neigt der Philosoph zu dem Schluß, daß nichts außer Individualitäten existiert. In der Physik negiert er teilweise deshalb auch die Gravitation, da sie eine gewisse allgemeine Eigenschaft sei; Universalien bedeuteten nur eine annähernde Ähnlichkeit zwischen den Dingen, die es erlaubt, sie miteinander zu vergleichen.[3] Dennoch trat Leibniz gegen die Extreme des Nominalismus auf [*4*, S. 368f.].

Der dialektische Charakter des Prinzips der *allgemeinen Unterschiede* trat deutlich in seiner Wechselwirkung mit anderen Prinzipien des Leibnizschen Systems zutage, die mit diesem, wie es schien, nicht vereinbar waren. Kant hat später – sichtlich nicht ohne Einfluß der Leibnizschen Konstruktionen – analoge Verbindungen der gegensätzlichen Prinzipien „Homogenität“ und „Spezifikation“ [*53*, S. 702ff.] aufgestellt.

Das Prinzip der allgemeinen Unterschiede wird durch das (ihm seinem Akzent nach) entgegenstehende „principium identitatis indiscernibilium“ (Prinzip der Identität der nicht unterscheidbaren Dinge) bekräftigt und entwickelt. Nach diesem Prinzip sind zwei Dinge, bei denen alle Eigenschaften des ersten dem zweiten eigen sind, absolut identisch, d. h. sie stellen ein und dasselbe Ding dar. Sie sind deshalb nicht unterscheidbar, weil sie ein und dasselbe sind. Wie Leibniz zeigt, bedeutet zwei Dinge als nichtunterscheidbar annehmen – ein und demselben Ding zwei Namen geben [vgl. *15*, 1.]. Dinge, deren Eigenschaften alle identisch

[3] Diese Leibnizschen Erklärungen hatten in der Folge einen großen Einfluß auf den späten F. Brentano und auf T. Kotarbiński.

sind, gibt es nicht, da es nur eine Selbstidentität gibt. Hier haben wir eine weitere Charakteristik jener hypothetisch konstruierten Reihe aller Dinge, von der oben die Rede war. Wenn es gelänge, eine solche Reihe zu konstruieren, dann würde jede einzelne Stelle in ihr unbedingt nur von einem einzigen Ding besetzt sein.

Somit sind die Dinge entweder verschieden: verschieden ihren Eigenschaften nach, oder sie fallen in einem Ding zusammen. Es gibt nichts zu unterscheiden, wenn alle Eigenschaften völlig identisch sind. Diese an und für sich unbestreitbare Feststellung (sie wurde bereits von Thomas v. Aquino formuliert) ist dennoch keine Trivialität. Gerade im Rahmen der Leibnizschen Methode offenbart sich unerwartet der tiefe Inhalt seiner Prinzipien – besonders des ersten und des zweiten. Ihr dialektischer Charakter besteht nun darin, daß bei Leibniz die Identität zweier Dinge nicht absolut ist und die Beseitigung ihrer letzten ungleichartigen Eigenschaft bzw. ihre quantitative Änderung den sprungartigen Übergang in einen qualitativ anderen Zustand hervorruft – in die Selbstidentität dessen, was als Nichtselbstidentisches einem Vergleich unterzogen worden war.

Wie wir bereits erwähnten, werden von Leibniz einige Eigenschaften (wie die räumlichen und zeitlichen Koordinaten der Dinge und auch der numerische Unterschied der Teilchen gleichartiger Materialien, aus denen diese zusammengesetzt sind) bei der Bestimmung der Identität nicht berücksichtigt, da sie nicht zum Bereich des Wesentlichen, sondern zur Sphäre der Erscheinung gehören. Nur vom Gesichtspunkt der empirischen Beobachtungen aus, wo manchmal von der Ungleichartigkeit anderer Eigenschaften abgesehen wird, kann man annehmen, daß derartige Dinge „sich numerisch unterscheiden". Jedoch bei strenger Beobachtung werden die Wesenheiten dieser Dinge von den numerischen Unterschieden abstrahiert. Allgemein war Leibniz der Ansicht, daß oft im Prozeß der Erkenntnis von Erscheinungen ihrem Wesen nach identische Dinge fälschlicherweise als unterschiedliche betrachtet werden und umgekehrt, daß in Wirklichkeit verschiedene Objekte annähernd oder sogar fehlerhaft identifiziert werden.

Wenn Leibniz auch als Identitätsbedingung vom Vorhandensein aller Eigenschaften bei dem einen Ding sprach, die dem zweiten eigen sind, und umgekehrt, werden von ihm dennoch Situationen betrachtet, für die in dem einen oder anderen Sinne die Unvollständigkeit der Liste der Eigenschaften charakteristisch ist, die in gleichem Maße den zu vergleichenden Dingen eigen sind. Im entgegengesetzten Fall würde das Problem der Identität seine reale Bedeutung verlieren: wenn die Dinge nicht identisch sind, so ist ihre Selbstidentität von keinem Interesse. Aber für Leibniz ist das Prinzip der Identität der nichtunterscheidbaren Dinge wesentlich: es gestattet ihm die für den denkenden Verstand unbestreitbare Wahrheit des Prinzips der allgemeinen Unterschiede zu unterstreichen: Wenn sich alle Dinge nicht voneinander unterschieden, würden sie in einem Ding zusammenfallen. Der Mechanismus dieses Zusammenfallens würde jegliche Ausnahme „schlucken", die bei dem Prinzip der allgemeinen Unterschiede vorhanden sein könnte. Der Philosoph weist mit diesem Prinzip auf die Aufeinanderfolge der sich in der Zeit ändernden Objekte hin und zerstört die falsche Annahme, nach der unser Weltall gleichsam anfangs eine andere Stellung in Raum und Zeit gehabt haben könnte als heute [*15*, 1, S. 190], d. h. früher oder später entstand, als es entstand. Die ontologischen Schlußfolgerungen aus dem betrachteten Prinzip werden durch das Gesagte nicht eingeschränkt.

In diesem Zusammenhang kann man der Ansicht von A. I. Ujomov schwerlich zustimmen, daß im Begriff des aufeinanderfolgenden Zusammenhangs „ein gewisses Prinzip der Identifizierung zum Ausdruck kommt, das sich wesentlich von Leibniz' Prinzip unterscheidet" [*60*, S. 90]. Wie Ujomov weiter zeigt, bedeutet das Prinzip der Identifizierung, das vom Prinzip des aufeinanderfolgenden Zusammenhangs vorausgesetzt wird, logisch nicht die Negierung des Leibnizschen Prinzips der Identität. A. I. Ujomov formuliert die allgemeinere logische Bedingung des Identischseins über die Eigenschaft der Eigenschaften, jedoch folgte schon bei Leibniz, wie wir oben sahen, die genetische Identität unvermeidlich aus der allgemeinlogischen Identität.

Die Wirkung dieses Prinzips der Identität bezog Leibniz nicht nur auf die realen Dinge oder sogar nur auf die Ding-Substanzen, sondern – entsprechend seinem Rationalismus – auch auf beliebige, darunter auch rein logische (d. h. einerseits denkmögliche und andererseits real mögliche und schließlich zum Bereich der Sprache und der Logik gehörende) Objekte. Daher wurde von ihm auch das Prinzip etwas anders formuliert: „Eadem sunt quorum unum in alterius locum substitui potest, salva veritate ..." (Identisch sind die Dinge, von denen das eine für das andere unter Beibehaltung der Wahrheit eingesetzt werden kann) [*14* (A) VII, S. 219; vgl. *19*, S. 460]. Hier ist die Beibehaltung der Wahrheit jener Sätze gemeint, die über die Welt ausgesagt werden; sie wird dadurch gewährleistet, daß die Begriffe, die in diesen Sätzen die Dinge bezeichnen, nur durch ihnen gleichwertige Begriffe ersetzt werden. Die zweite Formulierung des Prinzips der Identität kann nicht in allen Fällen die erste ersetzen, d. h. sie ist ihr nicht absolut gleich, da die Struktur der Sätze ihrer logischen Wahrheit oder Falschheit nach ein abstrakteres „Gitter" darstellt als die Struktur der Beziehungen zwischen den Dingen.

Der Rationalist Leibniz berührt nicht das Problem des Unterschieds zwischen den zwei Formulierungen des Prinzips der Identität der nicht-unterscheidbaren Dinge. Übrigens geht der Leibnizsche Rationalismus so weit, daß er Sätze und Tatsachen, Begriffe und Dinge, Bestimmung des Gegenstands und zu bestimmenden Gegenstand, Existenz des Logischen und Existenz des Realen unterscheidet. Leibniz unterscheidet sie sogar, wie wir bereits oben bemerkten, recht ausdrücklich, und darauf beruht die für sein System sehr wichtige Abgrenzung des logisch Möglichen vom real Wirklichen.

Die Welt stellt die Gesamtheit der Dinge dar, die alle ungleichartig, verschieden, individuell sind. Aber welchen Charakter haben diese Unterschiede? Verläuft der Übergang von den einen Dingen zu den anderen, von den einen Zuständen zu den anderen, die sich von den ersten unterscheiden, sprungartig oder im Gegenteil allmählich? Leibniz antwortete auf diese Frage mit dem *Gesetz der Kontinuität* (lex continuitatis), über das Leibniz an Varignon in den „Animadversiones" und anderen Arbeiten schrieb.

Nach diesem Prinzip vollziehen sich überall allmählich wachsende Unterschiede und erfolgen allmähliche – man könnte sie „unendlich kleine" nennen – Veränderungen, so daß „die Dinge durch allmähliche Übergänge auf den Stufen der Vollkommenheit aufsteigen" [*4*, S. 571]. Das zeugt davon, daß überall in der Welt eine „unendliche Subtilität der Dinge" herrscht, „die stets und überall eine wirkliche Unendlichkeit in sich schließt" [*4*, S. 14]. „Es existiert eine unendliche Anzahl von Stufen", sagt Leibniz, „zwischen einer beliebigen Bewegung und völliger Ruhe, zwischen Härte und vollkommen flüssigem Zustand, der keinerlei Widerstand bietet, zwischen Gott und dem Nichts. Ganz genauso existiert eine unendliche Zahl von Übergangsstufen zwischen einem beliebigen aktiven und dem rein passiven Element" [*14*, (A) VI, S. 537].

Zwischen zwei einander der Eigenschaft nach beliebig nahen Dingen gibt es immer Zwischendinge, so daß die Gradation der Veränderungen eine Reihe von Dingen bildet, die durch Kontinuität charakterisiert wird. Je „weiter" qualitativ die verschiedenen „Punkte" dieser Aufeinanderfolge voneinander entfernt stehen, um so schärfer treten zwischen ihnen die Unterschiede hervor, z. B. der offensichtliche Unterschied zwischen dem Merklichen und dem Unmerklichen [*4*, S. 573f.]. Bei Annäherung werden solche Unterschiede immer kleiner und kleiner; sie werden jedoch niemals Null. Hier bereits entsteht eine ungefähre Analogie zum Differential, das nicht ganz exakt „unendlich kleine Größe" genannt wird.

Aus dem dritten Prinzip folgt: können der Qualität nach „benachbarte" Dinge angegeben werden, würde der Unterschied zwischen ihnen etwas von der Art $dx$ darstellen, das niemals gleich Null ist. Andererseits, wie nah qualitativ auch immer zwei Dinge einander sein mögen, so kann man zwischen ihnen doch immer Zwischendinge finden. Aus dem betrachteten Prinzip folgt weiterhin, daß es in der hypothetischen Reihe der in einer Linie angeordneten Dinge keine leeren Zwischenräume oder Lücken gibt: Jeder Platz in einer Reihe von Dingen ist, wie es bereits aus dem zweiten Prinzip ersichtlich ist, von einem einzigen Gegenstand besetzt; es gibt, wie sich nun herausstellt, in dieser Reihe keinen einzigen unbesetzten Platz. Das ist eine wichtige Präzisierung.[4] Somit enthält das

[4] Dies bedeutet nicht, daß sich in dieser Reihe nicht nur vorstellbare, sondern auch „nichtvorstellbare" (unmögliche) Dinge befinden.

Prinzip der Kontinuität eine allgemeine Charakteristik der benachbarten Bereiche jedes Gegenstands („benachbart“ im Sinne ihrer qualitativen Nähe).

Das Prinzip der Kontinuität wurde von Leibniz sehr umfassend verstanden und angewendet. Nach seiner Ansicht „schließt“ der gegenwärtige Zustand der Dinge eng an ihren vergangenen an, ist mit ihm verknüpft und folgt aus ihm, so daß er nur ausgehend vom vergangenen erklärt werden kann [vgl. *4*, S. 11f.]. Kontinuität bedeutet bei Leibniz den zeitlich und inhaltlich wechselseitigen Zusammenhang im Sinne der *logischen gegenseitigen Übereinstimmung:* jeder Gegenstand ist mit seinem vergangenen und seinem künftigen Zustand „abgestimmt“ und im gegebenen Zeitmoment auch mit allen benachbarten und weiter entfernt liegenden Gegenständen. Die Unterschiede in der zeitlichen Bestimmung des Gegenstands bedeuten seine Veränderung, und die veränderte räumliche Lage in ein und demselben Augenblick zeugt von den Unterschieden zwischen koexistierenden Gegenständen. Dabei bedeutet das Prinzip der Kontinuität ein enges „Anschließen“ aller Eigenschaften eines gegebenen Gegenstandes aneinander, so daß jeder Gegenstand etwas Ganzheitliches ist und kein Konglomerat bildet. Gleichzeitig bedeutet dieses Prinzip das Anschließen der Eigenschaften des einen Gegenstands an die Eigenschaften des qualitativ nächstliegenden benachbarten Gegenstands. Diesen Gedanken formulierte Leibniz folgendermaßen: „Das Gesetz der Kontinuität fordert, daß, wenn die wesentlichen Bestimmungsstücke eines Wesens sich denen eines anderen nähern, auch alle sonstigen Eigenschaften des ersteren sich stetig denen des letzteren nähern müssen“ [*15*, 2, S. 77; vgl. die franz. Fassung, a. a. O., S. 558]. Der Prozeß der „Annäherung“ (s'approcher) selbst im Sinne der „Veränderung“ verläuft stetig, d. h. unaufhörlich [*15*, 2, S. 437].

Auf diese Weise haben wir die Negierung der Sprünge in allen Bereichen und Dimensionen der Wirklichkeit vor uns – sowohl in den Gegenständen verschiedener Art als auch in der Bewegung (*4*, S. 14, 473]. Auf Grund des Prinzips der Kontinuität stellt Leibniz eine ganze Reihe von Thesen auf, die sich auf die verschiedensten Wissensbereiche beziehen: auf die Philosophie, die Psychologie, die Naturwissenschaften und die Mathematik. Die Gleichung in der Algebra ist der Extremfall der Ungleichung. Die Gerade ist der Grenzfall der Kurven und der geometrische Punkt – der Grenzfall der kleinsten Strecken. Es existiert keine Leere in der physikalischen Welt, da sie nur die gedachte Grenze immer größer werdender Feinheitsgrade des Stoffes ist (*4*, S. 340ff., 504]. Was man als Ruhe betrachtet, ist nur maximal langsame Bewegung; oder Ruhe gibt es nur in bezug auf bestimmte naheliegende Körper, so daß jeder Teil der Natur dynamisch ist.

Das Prinzip der Kontinuität wendet Leibniz auch in der Analyse der psychischen Erscheinungen an. Bei der Untersuchung der Kontinuität im Prozeß der Wahrnehmung äußert er den originellen Gedanken der unbewußten Perzeptionen. Damit fordert er die Untersuchung von Erscheinungen, die die Schwelle des Bewußtseins nicht überschreiten. Leibniz sucht Kontinuität auch im emotionalen

Bereich. Als vermittelndes Glied zwischen aktiven und passiven emotionalen Zuständen der Psyche verweist Leibniz auf die „Unruhe" [*4*, S. 12f.].

Vom selben Standpunkt aus löst Leibniz auch das Problem der Unsterblichkeit der Seele: Es gibt keinen Tod in dem Sinne, als würde jegliches Leben total ausgelöscht werden; das, was Tod genannt wird, ist nur ein sehr tiefer Schlaf [*4*, S. 12; *15*, 2, S. 187]. Die Seele wird in einen anderen, gleichsam eingeschränkten natürlichen Zustand transformiert, so daß es kein „jenseitiges Leben" und keine Seelenwanderung gibt: „Es gibt keine Metempsychose (d. h. Seelenwanderung – *I. N.*), aber es gibt eine Metamorphose" [*15*, 2, S. 428 u. 452]. Die ontologische Bedeutung des Prinzips der Kontinuität bestand auch noch darin, daß es gegen die vereinfachten Vorstellungen von den Quellen der psychischen Tätigkeit gerichtet war. Diese Theorie zerstört die Lehre von der „Seele als leere Tafel (tabula rasa), sowie die Annahme einer Seele ohne Gedanken, einer Substanz ohne Tätigkeit, den leeren Raum, die Atome, ja selbst letzte aktuell nicht weiter geteilte Teilchen der Materie, die völlige Einförmigkeit in einem Zeit-, Orts- oder Stoffteile, die vollkommenen Kügelchen des zweiten Elements (d. h. die Descartesschen Korpuskeln jener Art, die angeblich die Luft bilden - *I. N.*), die aus ursprünglichen vollkommenen Würfeln entstanden sein sollen, und tausend andere Phantasiegebilde der Philosophen, die aus ihren unvollständigen Begriffen stammen" [*4*, S. 14].

In der Erkenntnistheorie verwischt das Prinzip der Stetigkeit die starre Grenze zwischen den Wahrheitscharakteristiken: die Lüge ist die kleinste Stufe der Wahrheit, ähnlich wie man in der Ethik das Böse als das geringste Gute bezeichnen könnte. Folglich ist der Gegensatz zwischen Lüge und Wahrheit nicht absolut, sondern relativ; Nichtwissen geht in seinen Gegensatz, in Wissen, über. Diese in ihrer Tendenz dialektische Position wird unvermeidlich durch ein Netz von Bedeutungen in der Logik vergröbert.

Wie kann insgesamt das Prinzip der Kontinuität von unserem Standpunkt aus gewertet werden? Der Akzent auf der unendlichen Teilbarkeit von allem Existierendem und der Unerschöpflichkeit der Prozesse der Verkleinerung, der Vergrößerung, der Vereinfachung und Komplizierung der Strukturiertheit, der Verfeinerung und Vergröberung der Zusammenhänge und Beziehungen führt an und für sich leicht zu einseitig metaphysischen Schlußfolgerungen und vor allem zur Negierung der dialektischen Unterbrechungen im Stetigen und der Sprünge in der Entwicklung. Daher besitzt dieses Prinzip an und für sich einen mehr metaphysischen als dialektischen Inhalt. Aber eine solche Schlußfolgerung wäre übereilt und ungenau. Dieses Prinzip kann nur in Verbindung mit den anderen richtig gewertet werden, die das Besondere in der Methode des Philosophen darstellen, d. h. vor allem mit dem Prinzip des Unterschieds und der Diskretheit.

Jedoch ist auch der selbständige Inhalt des Prinzips der Kontinuität bei weitem nicht so einseitig, wie es scheinen mag. Stetige Übergänge betrachtete Leibniz nicht nur hinsichtlich der Quantität, sondern auch hinsichtlich der Qualität. Er wirft z. B. Aristoteles in dem Aufsatz „Über die Natur an und für sich oder über die natürliche Kraft und die Tätigkeit der Schöpfungen" (1698) vor, daß der Stagirit die Unähnlichkeit oder den „Unterschied der Eigenschaften" ungenügend erkläre [3, S. 165]. Auf dem Prinzip der Kontinuität basiert methodisch nicht nur die allgemeine Idee der Differentialrechnung, sondern auch die Betrachtung des Differentials als etwas qualitativ Eigenartiges. Die qualitative Betrachtung der Übergänge gestattete es Leibniz, auf die Zoophyten als das Zwischenglied zwischen der Tierwelt und der Pflanzenwelt und auf die Tiere als das Glied zwischen Pflanze und Mensch hinzuweisen.

Wenn wir jedoch das Prinzip der Kontinuität mit dem ihm anscheinend absolut entgegengesetzten Prinzip des Unterschieds vergleichen, kommen wir zu zweifellos dialektischen Ergebnissen. Das Prinzip des Unterschieds besteht darin, daß es in der Welt eine unentwegte Tendenz zum Divergieren in Verschiedenes gibt; das Prinzip der Kontinuität besagt, daß es eine nicht weniger unentwegte Tendenz in entgegengesetzter Richtung gibt – in Richtung auf Annäherung des Unterschiedlichen, auf Konvergenz. In der Wissenschaft des 20. Jh. wurden die enge Verflechtung und die gegenseitige Bedingtheit dieser Tendenzen, die in der Aufspaltung des Wissens und in ihrer Vereinigung durch interdisziplinäre Wissenschaftsdisziplinen zum Ausdruck kommen, zu einer unwiderlegbaren Tatsache. Unterschiede gibt es überall, aber sie werden zu bestimmten Unterschieden, die nur dann zutage treten (als Sprünge), wenn sie sich anhäufen bzw. sich integrieren. Die minimalen Unterschiede dagegen verlieren ihre Bestimmtheit; sie entgehen der Analyse, werden unbemerkbar und verschwinden gleichsam, indem sie zu „Punkten" werden, ohne jedoch gleichzeitig buchstäblich und absolut zu verschwinden.

Folgendes ist hierbei noch zu beachten: Die Gerade der hypothetischen Reihe aller Dinge erweist sich in jedem ihrer Teile von beiden Seiten sowohl als begrenzt, indem sie sich in eine Gesamtheit von Strecken verwandelt, und als nicht begrenzt, da die Punkte auf den Enden einer jeden dieser Strecken nicht genau fixiert werden können. Der Gegensatz dieser beiden Charakteristiken ist die Folge verschiedener Interpretationen des Gebildes „Punkt" als Ende eines bestimmten Abschnitts der betrachteten hypothetischen Reihe. Da der „Punkt" eine gewisse extreme Stellung auf der Geraden einnimmt, muß er sie begrenzen. Aber da diese Gerade an ihrem einen Ende weder den Wert Null noch Eins haben muß, sondern den des Differentials, d. h. bildhaft gesprochen, „unendlich unbestimmt klein" sein muß[5] und an ihrem anderen Ende den Wert der aktualen Unendlichkeit haben muß, da die Unterschiede und die qualitativen Variationen uner-

[5] Man muß berücksichtigen, daß es hier nicht um eigentlich mathematische Differentiale geht (Leibniz neigte dazu, sie als operativ günstige und nützliche Funktionen zu behandeln), sondern um vereinbarte Figuren, die etwas Bestimmtes darstellen sollen, aber gleichzeitg „kleiner" als jede bestimmte Figar sein müssen. Mit anderen Worten, es handelt sich um „metaphysische Differentiale" oder, wie später gesagt wird, „metaphysische Punkte". Dementsprechend wird in diesen Überlegungen der Wert Null negiert, da es nicht um die algebraische Null geht, sondern um die Gestalt der Null als völliges Nichts, dessen Existenz Leibniz negiert.

schöpflich sind, kann der Punkt natürlich die Linie nicht begrenzen. Der Ausweg aus dieser Situation ist folgender: die Reihe aller Dinge ist von beiden Seiten nicht begrenzt; die Welt ist unendlich sowohl in quantitativer als auch in qualitativer Beziehung.

Somit sind die Elemente der allgemeinen Reihe der Dinge gewisse ungewöhnlich kleine Individualitäten. Jeder Platz in dieser Reihe ist von einem bestimmten unteilbaren Ding besetzt – einem ontologischen, d. h. metaphysischen „Punkt". Bestimmtheit ist auch jedem Element aus dem Eigenschaftskomplex des einen oder anderen Dinges eigen. Kraft des Prinzips des Unterschieds bedeutet Abstufung der Übergänge, nicht Unbestimmtheit dessen, was sich im Zustand solcher Übergänge befindet, und kraft des Prinzips der Kontinuität erreichen die allgemeinen Unterschiede einen außerordentlichen Grad der Feinheit. Extrem einfache und in ihrer Bestimmtheit selbständige Elemente bilden jedes Ding und liegen jeder Erscheinung zugrunde. Ihre Existenz wird immer und überall durch das vierte Prinzip der Leibnizschen Methode – das Prinzip der Monade – bestätigt.

## Die Monade und die Prinzipien der Vollkommenheit und Vollständigkeit

Das Monadenprinzip, d. h. das Prinzip der Individualisierung, ist sowohl ein ontologisches als auch ein methodologisches.[6] In seiner letzteren Funktion enthält es gleichsam das Fazit der Wechselwirkung zwischen dem Prinzip des Unterschieds und dem der Kontinuität, löst hier den zwischen ihnen entstandenen Widerspruch und erweist sich als ihre dialektische Synthese eigener Art. Wie aus Leibniz' Brief an Varignon vom 2. Februar 1702 [*14*, (B) IV, S. 91ff.] ersichtlich ist, wird das Monadenprinzip die Hauptantithese zum Prinzip der Kontinuität, das seiner Interpretation im Geiste einer metaphysischen Abstufung entgegensteht. Ein derartiges Vorgehen erwies sich später für Kant als typisch, der nach Leibniz wiederholte, daß „es in der Natur keine Sprünge gibt" – in mundo non datur saltus [*53*, S. 321]. Die Antwort muß jedoch anders lauten: „. . . daß es in der Natur keinen Sprung gibt, *eben weil* die Natur sich aus lauter Sprüngen zusammensetzt" [*1*, 20, S. 533]. Hiermit findet die Antinomie „in der Welt existieren Sprünge, und Sprünge existieren nirgends" ihre Lösung. Es ergibt sich das, was man eine dialektische Synthese der Unterschiede und Ähnlichkeiten, der Sprünge und der Abstufung, der Unterbrechungen und der Kontinuität nennen könnte. Das Prinzip der Kontinuität weist auf die Stetigkeit der Wirklichkeit hin, und das Monadenprinzip – auf ihre Diskretheit.

Diese Synthese wird jedoch bei Leibniz durch idealistische Spekulationen verzerrt. Wenn er dem Prinzip der allgemeinen Kontinuität minutiöse Beobachtungen zugrundelegt, so bestimmte das Monadenprinzip von vornherein die Unteilbar-

[6] Über den Terminus „Monade" vgl. S. 57f.

keit im Sinne der „Einheitlichkeit" ursprünglich einfacher Dinge. Das war in seiner Philosophie deshalb möglich und notwendig, weil die metaphysischen Wesenheiten „Dinglichkeit" und „Eigenschaftsein" unendlich klein sind und einer exakten Beobachtung, Bestimmung und Analyse entgleiten. Gleichzeitig erweist sich die Grenze der materiellen und gedanklichen Teilung einmal als erreichbar, da sie nicht der „reinen" Null, sondern dem „realen" metaphysischen Differential gleich ist; andererseits ist sie nicht zu erreichen, da „*dx*" an und für sich nicht faßbar ist. Unendlich kleine Größen erlangen jedoch, indem sie in methodologischem Sinne das Monadenprinzip vor der metaphysischen Wiedergeburt bewahren, die Gestalt irgendwelcher mystischer „realer Nullwerte", die sich gleichzeitig voneinander um unendlich kleine Größen unterscheiden. Der Widerspruch zwischen dem Prinzip der Kontinuität und dem Monadenprinzip bleibt bis zuletzt unüberwunden; er wird nur durch den nebelhaften Begriff „metaphysischer Punkt" verdeckt.

Aber das Monadenprinzip hatte auch einen realen Inhalt, der letztlich der Wirklichkeit und der Wissenschaft jener Zeit entnommen war. Leibniz negierte die Existenz unteilbarer materieller Atome im Sinne der Tradition Demokrits und war gleichzeitig davon überzeugt, daß es in der Welt keine unendlich abgestufte Teilung ohne „Knotenpunkte" geben könne, d. h. daß es eine bestimmte Grenze geben muß. Er erhält die Idee der Diskretheit der Welt in Form der „metaphysischen Monaden-Atome" aufrecht, von denen jedes unzerstörbar ist, sich ständig ändert und aktiv ist, sich von allen anderen unterscheidet und einen unendlich reichen Inhalt besitzt. Somit ist dies ein *Maximum im Minimum*. Durch diesen Begriff wird die ontologische Bedeutung des Monadenprinzips besonders unterstrichen.

Der reale methodologische Inhalt des Monadenprinzips besteht vor allem in der Schlußfolgerung, daß die ganze Wirklichkeit aus Sprüngen besteht, wenn auch aus sehr kleinen, die sich jedoch anhäufen können, so daß das endgültige Bild der Welt sich durchaus nicht aus trüben und nebelhaften Übergängen bildet, sondern aus klaren Kontrasten, die in diesen Übergängen zutage treten und von ihnen nur maskiert werden. Vom Gesichtspunkt der allgemeinen Sprünge, der Einheitlichkeit und der Individualität der Erscheinungen aus erweist sich die Erkenntnis, die an Ähnlichkeiten oder aber umgekehrt an sich allmählich anhäufende Unterschiede appelliert, als nützlich – ist aber nur annähernd und bei weitem nicht ausreichend.

Die Eigenart aller Erscheinungen, auf die das Prinzip des Unterschieds hinweist, erhält nur im Monadenprinzip ihre strukturelle Begründung: Alle Dinge und Erscheinungen sind deshalb eigenartig, weil sie einmalig sind. Das erkennende Subjekt muß hinter dem Stufencharakter der Übergänge in den Erscheinungen auch im Wesen die stufenförmige Leiter der Individualitäten erkennen und aufdecken, weil hinter dem Schema der scharfen summarischen Sprünge die außerordentlich fein abgestufte Aufeinanderfolge der Stufen dieser Leiter verborgen ist. Die Welt ist unerschöpflich kompliziert nicht nur in ihrer qualitativen Mannigfaltigkeit, sondern auch in der Struktur der Anordnungen und Korrelationen der Eigenschaften der Dinge. Deshalb offenbart sich ihre Mannigfaltigkeit nicht aufs Geratewohl, sondern nur nach den Gesetzen dieser Struktur.

Das Monadenprinzip verwendetete Leibniz als methodologische Forderung ebenso umfassend wie die vorhergehenden Prinzipien. In der Physik bedeutet es die Allgemeinheit der Existenz verschiedenartiger unteilbarer Kräfte, in der Psychologie das Vorhandensein wiederum minimaler Wahrnehmungen (petites perceptions). In der Logik spricht dieses Prinzip zugunsten des Subjekt-Prädikat-Schemas der Sätze, in der Jurisprudenz weist es darauf hin, daß ihrem deduktiven Aufbau der Begriff der unteilbaren juristischen Person zugrundeliegt, usw. Überall regelt die Wirkung des Monadenprinzips die Anwendung des Prinzips der Kontinuität wie auch umgekehrt. Die Anwendung aller vier Prinzipien in ihrer Wechselwirkung führt zu einem Weltbild, in dem die Gegensätze und die Extreme ineinander übergehen und sich gegenseitig bedingen. Es ist nicht verwunderlich, daß das Monadenprinzip dazu beitrug, daß Leibniz eine Reihe wissenschaftlicher Entdeckungen und genialer Ideen einer viel späteren Zeit antizipierte.

Aus dem Prinzip der Kontinuität, das insbesondere bedeutet, daß es in der hypothetischen Reihe aller Dinge keinen nichtausgefüllten Abschnitt gibt, wobei sie alle in ihrer Gesamtheit die sogenannte kompakte Menge bilden, folgt als fünftes Prinzip das *Prinzip der Vollständigkeit*. Es kann vom *Prinzip der allgemeinen Vollkommenheit* abgeleitet werden.[7] Aber es gibt auch Gründe, dieses letztere Prinzip umgekehrt aus dem fünften abzuleiten. In der Tat bedeuten beide folgendes: Unsere Welt hat keine „Lücken" und enthält die ganze Fülle der in ihrem Rahmen möglichen Dinge, Bewegungen und Eigenschaften. In diesem Sinne – und nur in diesem! – ist sie „vollkommen".[8] Die Welt ist maximal vollkommen hinsichtlich aller ihrer Teile, Seiten, Attribute usw. Somit behaupten das Prinzip der Vollständigkeit und das der Vollkommenheit, daß der Welt, in der wir leben, im ganzen und ausnahmslos in allen ihren Teilen und Parametern ein Maximum an Existenz eigen ist. Daraus folgt, unsere Welt ist in bestimmtem Sinne nicht weniger vollkommen als die Idee Gottes, da sie die Vollständigkeit einer solchen Existenz besitzt, welche maximal real und am umfassendsten verbreitet ist. Diese Prinzipien begründen die Allgemeinheit des Prinzips des Unterschieds und des Prinzips der Kontinuität in ihrer ontologischen Bedeutung, indem sie nach Ansicht von Leibniz erklären, woher die Ähnlichkeit, die Geordnetheit und die Mannigfaltigkeit der Dinge der Welt genommen wurden.

Das Prinzip der Vollständigkeit und das der Vollkommenheit wirken nach Leibniz auch im Erkenntnisprozeß. Jedes erkennende Subjekt (d. h. eine geistige individuelle Substanz) besitzt in jedem Moment die ganze für diesen Augenblick

[7] Das ist z. B. die Ansicht von N. Rescher, vgl. 42.

[8] Einen gewissen Unterschied zwischen diesen beiden Prinzipien kann man aufzeigen, wenn man berücksichtigt, daß das Prinzip der Vollständigkeit mehr auf die gegenseitige Vereinbarkeit aller Monaden miteinander verweist und das Prinzip der Vollkommenheit auf ihre gegenseitige „Harmonie", d. h. ihre gegenseitige Abstimmung.

mögliche Vollständigkeit des Wissens und Klarheit der Wahrnehmung, indem es unbegrenzt das eine wie das andere in Richtung auf das Erkenntnismaximum entwickelt. Folglich gehört zum Begriff der Vollkommenheit auch ein Maximum an gegebener Wahrnehmung, an Deutlichkeit und Adäquatheit der Vorstellungen und Gedanken. Im Prinzip besitzt jedes Individuum die Fähigkeit (Disposition), entsprechend seiner Entwicklung eine Vollständigkeit des Wissens über das Weltall zu erlangen, wenn auch in den endlichen Abschnitten seiner Existenz dieses Ideal nicht völlig realisiert werden kann. Aber das Vorhandensein solcher Möglichkeiten und ihre allmähliche Realisierung zeugen von der prinzipiellen Vollkommenheit der Erkenntnisfähigkeiten. In diesem Sinne galt die Unbegrenztheit der menschlichen Erkenntnis für Leibniz ohne jeden Zweifel.

Da die Prinzipien der Vollständigkeit und der Vollkommenheit allgemeingültig sind, gelten sie auch auf dem Gebiet der Ethik. Leibniz vereinigte sie nicht selten zu einem einzigen Prinzip und nennt sie in diesem Fall *Prinzip des „Besten"*. Er verbindet letzteres mit der Negation des völligen Todes und einer eigenartigen moralischen Verpflichtung Gottes. Dieser muß für die reale Existenz eine solche Welt wählen, der eben das Maximum an Existenz eigen ist.

Bedeutet dies aber, daß die Prinzipien der Vollkommenheit und der Vollständigkeit zu einer platten Apologie alles Existierenden führen, solange es existiert? Nach Leibniz bringt schon das Streben nach Vollkommenheit die Tendenz zum Ausdruck, daß „möglichst viel Wesen existiert (id est quantum plurimum essentiae potest existat)" [8, S. 29]. Aber die Prinzipien der Vollständigkeit und der Vollkommenheit rechtfertigen nicht für immer alles Existierende nur deshalb, weil es an der Existenz mitbeteiligt ist. Das Wesen dieser Prinzipien in reiner Form besteht darin, daß sie, streng genommen, nur die Eigenschaft der Existenz rechtfertigen, die jedem existierenden Ding zukommt.

Der einfache Gedanke, daß Existenz an und für sich „besser" ist als Nichtexistenz, war bereits den Griechen geläufig, aber Leibniz gab ihm neue Aspekte. In der Tat behauptet dieses Prinzip, daß der Welt maximale Zulässigkeit und Vereinbarkeit der Dinge, Prozesse und Ereignisse eigen sind, obgleich es zusammen mit dem Prinzip des Unterschieds auch Geordnetheit bedeutet. Was logisch widerspruchsfrei ist, ist vereinbar und enthält entsprechend dem Leibnizschen Rationalismus auch „Zulassung" zur realen Existenz. In der Tat verursacht hier der Rationalismus eine Denkschwierigkeit, da er bei konsequenter Weiterführung eine Identität des logisch Möglichen mit dem real Existierenden bedeuten würde: Nicht nur alles, was real existiert, ist logisch möglich, sondern auch alles logisch Mögliche muß damit unbedingt *sofort* real existieren.

Jedoch Leibniz identifizierte nicht einfach das logisch Mögliche mit dem real Existierenden, sondern beschränkte sich darauf, die logische Möglichkeit bis zur Stufe der realen Disponibilität zu steigern. Nicht selten kehrt Leibniz zu dem Gedanken zurück, daß jedes substantielle Ding zur Existenz strebt, und daß dieses Streben (conatus) auch zur Existenz aller seiner Manifestationen führt. Das Streben nach Existenz wird durchaus nicht sofort realisiert, sondern es bringt die unüberwindliche Tendenz zur Entwicklung zum Ausdruck. Mit seinem Prinzip der allgemeinen Vollkommenheit weist Leibniz auf das Entwicklungsprinzip als das wesentliche positive Charakteristikum der Welt hin.

Schließlich tritt klar zutage, daß die Prinzipien der Vollständigkeit und Vollkommenheit gerade durch die maximale Allgemeingültigkeit weniger einen apologetisch-moralischen Inhalt besitzen, sondern vielmehr ein eminentes ontologisch-logisches Interesse beanspruchen. Bei der Anwendung auf die *unendliche* Wirklichkeit verliert jedoch die von diesem Prinzip behauptete „Maximalität" der Welt einen konkreten Sinn, da die Behauptung, in der Welt würde alles realisiert, was jemals realisiert werden konnte, nur eine Tautologie bedeutet: „Alles ist, was ist". Daraus resultiert, daß das Prinzip der Vollkommenheit nur auf ein bestimmtes räumliches Fragment der Welt und auf zwei und mehr einander gegenübergestellte Momente ihrer Veränderung angewandt werden kann. Sofern man es jedoch auf das „Sein überhaupt" anwendet, bedeutet es alles beliebige, d. h. es bedeutet nichts. Der Unendlichkeit kann nicht eine „gleiche volle Summe" aller Vollkommenheiten gegenübergestellt und mit ihr verglichen werden. Wie bei beliebigen anderen Kategorien oder philosophischen Begriffen führt die Anwendung des Begriffs „Vollkommenheit" in unbegrenzt allgemeiner und nicht kontrastierender Bedeutung direkt zum Verlust jeglicher Bedeutung, d. h. zur Unbestimmtheit. Die Frage, ob das ganze Weltall insgesamt voranschreitet oder nicht, hat in unseren Tagen kaum einen anderen Sinn als den, daß es in nichtumkehrbare Zustände übergeht.

Außerdem zeigt es sich, daß Leibniz' Interpretation der Vollkommenheit logisch widersprüchlich ist. In jedem Augenblick schließt der Zustand der wirklichen Welt viele Möglichkeiten ein, die noch nicht in Wirklichkeit übergegangen sind: Die substantiellen Dinge, die zu ihrem Bestand gehören, entwickeln sich weiter und werden weiterentwickelt. Eine andere Möglichkeit existiert nicht, da den Dingen das *Streben* nach Vervollkommnung und Erweiterung ihres Gebiets eigen ist und dieses Streben bereits ein Merkmal der Vollkommenheit darstellt. Aber andererseits bedeutet das, daß die Welt in jedem Moment ihrer Existenz weniger vollkommen ist als im nächsten, obgleich sie für den *gegebenen* Moment in vollem Maße vollkommen ist.

Die scholastische Identifizierung der Vollkommenheit der Welt mit der Vollständigkeit der Existenz führt in eine Sackgasse, da sie zu der Annahme zwingt, daß dieser Begriff die gesamte Summe der vergangenen, gegenwärtigen und der zukünftigen Zustände der Welt umfaßt. Dabei wird entsprechend dem konsequenten Rationalismus alles logisch Existierende und folglich das real Mögliche als nicht weniger vollkommen als das wirklich Existierende gedacht. Hierbei verliert die Gegenüberstellung von Vollkommenheit und Unvollkommenheit jeden, sogar jeden relativen Sinn. Maximum der Vollkommenheit ist das, was in der Realität und in der Möglichkeit existiert. Als Minimum, das heißt als „Unvollkommenheit" kann dann nur das gelten, was es nicht gibt, d. h. was logisch und real nicht sein kann, also widersprüchlich ist.

Dieser Schluß ist um so unvermeidlicher, als es bei Leibniz keine exakt formulierte Lehre von den Stufen der Vollkommenheit gibt. In der Tat, er bestimmt in der „Monadologie" die Vollkommenheit als „Größe der positiven Realität" [*15*, 2, S. 444], darunter auch den Grad der Eigenschaften, die den Monaden auf den verschiedenen Entwicklungsstufen eigen sind. Wie es sich damit auch verhalten mag, der Widerspruch in der Aufeinanderfolge der Gedanken bei Leibniz ist offensichtlich; in anderem Zusammenhang tauchte er weiter oben auf: Wenn der Übergang zur wirklichen Existenz ein Übergang zur größeren Vollkommenheit ist, bedeutet wirkliche Existenz eine größere Realität als die mögliche (logische) Existenz; aber entsprechend dem Prinzip des Rationalismus dürfen die logischen Zusammenhänge und Relationen nicht weniger real und vollkommen als die wirklichen Zusammenhänge und Relationen sein.

Für ein vollständigeres Verständnis des Vollkommenheitsprinzips muß man die von Leibniz gegebene Modalcharakteristik berücksichtigen. Dieses Prinzip ist nicht für jede *beliebige Welt* notwendig, und deshalb wird seine Existenz nicht notwendig als allgemeine Wahrheit postuliert. Die allgemeine Vereinbarkeit der Dinge ist nach Leibniz logisch notwendig, während die Harmonie der Dinge, die gerade unserer Welt unbestreitbar eigen ist, nicht allgemein notwendig ist. Die jetzt zu behandelnden logischen Modalitäten spielen in Leibniz' System insgesamt eine große methodologische Rolle.

## Die logischen Modalitäten

Was ist nach Leibniz Notwendigkeit und was ist Zufall und warum? Wie verhalten sie sich zueinander und wie zur Möglichkeit und zur Wirklichkeit? Das Mögliche als das logisch Denkbare und Zulässige und das Wirkliche, d. h. das Faktische, sind zwei Kategorien, die das Gerüst des Leibnizschen philosophischen Systems bilden, sie verflechten sich aber miteinander nicht sehr eindeutig. Die These vom *Übergang des Möglichen in das Wirkliche*, von Leibniz auf Grund seines Systems der Modalitäten präzisiert, kann man als Kern seiner Methode betrachten.

Einerseits umfaßt das außerordentlich große Gebiet des *Möglichen alles das, was in sich logisch widerspruchsfrei ist*. Daher ist dieser Begriff für alles Widerlegbare, Zweifelhafte und Verworrene unzugänglich. Es handelt sich hier um das Gebiet aller ewigen Wahrheiten, so daß das Mögliche das ist, was für jeden gegenständlichen Bereich immer wahr ist, und „eine wahre Idee ist die, deren Begriff möglich ist" [*14*, (A) IV, S. 425]. Falsche Ideen stellen dagegen logische Kontradiktionen dar, so daß eine Negation der Wahrheit „unmöglich" ist. Den Bereich des Möglichen bilden die identischwahren Behauptungen – die logischen Tautologien und ihre Ableitungen. Ähnlich den Ideen bei Platon und den göttlichen Gedanken bei Augustinus bilden bei Leibniz die logisch möglichen Behauptungen die höchste, ideale Wesensschicht des Seins [*14*, (A) VI, S. 440ff.].

Ein in diesem Zusammenhang für Leibniz charakteristischer Ausspruch lautet: „Die Wesenheit ist im Grunde nichts anderes als die Möglichkeit dessen, was man denkt" [*4*, S. 323]. Bei einer derartigen Interpretation der Möglichkeit widerspricht ihr die Wirklichkeit als Existenz, d. h. die nur „teilweise Realisierung des Wesens" [vgl. *15*, 2, S. 553] – darum etwas Niedrigeres.

Andererseits streben alle Dinge danach, aus dem möglichen in den wirklichen Zustand überzugehen, da dies der Übergang zur höheren Stufe der Vollkommenheit ist, in dem „der größte Teil der möglichen Dinge verwirklicht ist" [*14*, (A) VII, S. 304]. Bei einer solchen Wertung des Übergangs von der Möglichkeit in die Wirklichkeit ist die letztere höher zu stellen als die erste: Alles Denkbare ist möglich, aber es ist bei weitem nicht alles Denkbare bereits real. Somit entsteht ein Widerspruch: „Existenz" ist niedriger als „Wesen" sowie vollkommener, höher als dieses, aber das logische Sein in der Sphäre des Möglichen ist realer als das Faktisch-Gegebene, da es offenkundig widerspruchsfrei und somit ewig ist. Gleichzeitig ist es weniger real, da es ihm noch an faktischer Existenz fehlt. So überlagern sich in Leibniz' System zwei gegensätzliche Motive: Nach Platon besitzen die ewigen Ideen größere Realität als die wirkliche Welt der Dinge. Hinzu tritt der bei Aristoteles ungelöste Streit, wem die größere Realität eigen ist – den Gattungswesen oder den individuellen Dingen.

Kommen wir nun zur Beschreibung des ganzen Schemas der Modalitäten. Wenn nach Ansicht des Philosophen das „Mögliche" das logisch Widerspruchsfreie ist, so ist das „Unmögliche" dem logisch Widersprüchlichen gleichbedeutend. Entsprechend steht dem Unmöglichen das „Notwendige" polar gegenüber: dabei handelt es sich um das, was bei seiner Negierung zum logischen Widerspruch führt, d. h. logisch unmöglich wäre. Das „Zufällige" jedoch ist das, dessen Entgegengesetztes nicht zum logischen Widerspruch führt, d. h. das widerspruchsfrei oder möglich ist [*17*, sect. 16–21, 1–3].

Dieses System der Modalitäten wirkt im Rahmen des Leibnizschen Rationalismus; ihm kommt deshalb wieder sowohl eine gnoseologische als auch eine ontologische Bedeutung zu. Denn das „Notwendige" ist nicht nur das, was unvermeidlich aus den Gesetzen der Logik und den ewigen Wahrheiten folgt und selbst ewige Wahrheit darstellt [*15*, 2, S. 150], sondern auch das „metaphysisch Unbestreitbare" [*14*, (A) VII, S. 319ff.], die „metaphysische Notwendigkeit" [*14*, (A) VI, S. 441; vgl. *9*, S. 31]. Das „Zufällige" ist durchaus nicht etwas Ursacheloses, sondern ganz einfach alles das, was nicht schicksalhaft geschieht, also gleichsam mit „bedingter" (per accidens) Notwendigkeit [*15*, 2, S. 150]. Im Brief an Coste vom 19. Dezember 1707 [*14*, (A) III, S. 400–404] verweist Leibniz auf das Zufällige als auf das Synonym des faktisch in der realen, d. h. uns umgebenden Welt sich Vollziehenden [7, S. 33][9].

[9] Die rationalistische Identifizierung realer Ursachen mit logischen Begründungen ging von Leibniz auf Kant über. Letzterer erklärte in der „Kritik der reinen Vernunft", wobei er die Aufmerksamkeit darauf lenkte, daß alles Wirkliche möglich ist, aber bei weitem nicht alles Mög-

Leibniz, der die logischen Begründungen als die realen Ursachen betrachtete, sobald das idealistische Schema mit realen Fakten der Wirklichkeit zusammentraf, mußte dem Druck der letzteren nachgeben. Wenn er jede reale Beziehung als eine logische interpretierte, so gilt das aber nicht in der umgekehrten Situation. Er stimmte ebenfalls dem zu, daß bei weitem nicht jede logisch mögliche Beziehung sich bereits als real vorhanden erweist. Deshalb können der „Zufall" in der logischen Sprache (d. h. zufällig ist das, was logisch möglich ist[10], wobei die logische Negation eines Sachverhalts nicht zum formalen Widerspruch führt) und die faktenmäßige Behandlung (d. h. von dem, dessen Entgegengesetztes möglich ist und nicht zum Widerspruch führt) nicht absolut übereinstimmen. Folglich verlangt die Interpretation der Wechselbeziehung von Wesen und Existenz als Übergang aus der Möglichkeit in die Wirklichkeit Präzisierungen und Ergänzungen, da sich folgende Fragen erheben: Wodurch unterscheidet sich logisch das Wirkliche vom Möglichen? Kann man annehmen, daß alles Wirkliche nur Zufälliges ist? Besteht nicht das Wirkliche aus Zufälligem und Notwendigem?

Leibniz kam zu folgenden Ergebnissen: Alles logisch Mögliche existiert bereits in der Logik, unabhängig davon, ob die heute lebenden Logiker die eine oder andere logisch wahre Behauptung, das eine oder andere logisch wahre Kalkül usw. konstruiert haben oder noch nicht. Für den absoluten Verstand, der von Leibniz „Gott" genannt wird, existieren alle in Vergangenheit, Gegenwart und Zukunft entdeckten logischen Strukturen bereits als gegeben. Sie bilden die absolute Wahrheit. *Deshalb stimmt das logisch Mögliche mit dem logisch Wirklichen überein.* Denn als logische Modalität ist die „Möglichkeit" in der Logik ebenso real wie die „Wirklichkeit". Hieraus folgt die Definition der Wahrheit als Übereinstimmung mit dem Satz der möglichen oder aktualen Wirklichkeit. Mehr noch, gerade in der zweiwertigen Logik fällt das Mögliche mit dem Notwendigen zusammen, weil die logische Negation des Widerspruchsfreien (des Möglichen) unausweichlich zur logisch widersprüchlichen Behauptung, zum Unmöglichen, führt und wir damit die Definition des Notwendigen erhalten [*14*, (A) IV, 424ff.; *15*, 2, S. 149ff.]. Entsprechend fällt in der Logik selbst das Zufällige mit dem Unmöglichen zusammen; in ihr kann es nichts Unmögliches geben, man muß es ausschließen; Zufälle des Fakts sind in ihr nicht ableitbar.

Was die wirkliche Welt betrifft, so gibt es in ihr Zufälle, aber es gibt in ihr nichts Unmögliches. Das aber bedeutet nicht, daß das Zufällige in der wirklichen Welt mit dem Möglichen zusammenfällt. Erstens, unsere Welt ist nicht möglich,

liche wirklich: daß das „Hinzukommen zum Möglichen", um dieses in Wirkliches zu verwandeln, selbst unmöglich wäre [*53*, S. 323f.]. Kant unterschied den empirischen Zufall von dem mit dem Verstand faßbaren (ebda., S. 328); konnte aber wegen seines idealistischen Apriorismus diese Unterscheidung bei der Untersuchung der Erscheinungen der Natur nicht ausreichend definitiv durchführen: der empirische Zufall wurde von ihm im kategorialen aufgelöst. Strenger wurde dieser Unterschied von Leibniz erkannt, von dem auch in dieser Frage die Entwicklung zu Fichte und Hegel führt.

[10] In diesem Sinne ist die Gesamtheit der „Möglichkeiten" notwendig.

sondern wirklich. Zweitens, nicht alles Mögliche, d. h. logisch Widerspruchsfreie, realisiert sich in der empirischen Realität als etwas Notwendiges oder in Form von zufälligen Fakten. Drittens, man kann nach Leibniz sogar sagen, daß die Welt, nimmt man sie in ganzheitlicher Form, „zufällig" ist, da irgendeine andere Welt oder auch andere Welten möglich sind, die physikalisch anders konstruiert sind als unsere Welt, obgleich sie denselben logischen Gesetzen folgen, darunter auch die „Antiwelt", die auf der Basis der Negation der Fakten unserer Welt aufgebaut ist. Hier muß man jedoch hinzufügen: es ist falsch, daß der faktische Inhalt und die faktische Struktur unserer Welt vom logischen Gesichtspunkt aus „nur" zufällig sind, denn nach Leibniz ist unsere Welt im ganzen notwendig, aber in einem besonderen, moralischen Sinne. Aus allen Möglichkeiten könnte die höchste Schöpferkraft keine andere Welt, die weniger vollständig und weniger vollkommen wäre, zur realen Existenz auswählen, denn das wäre vom moralischen Standpunkt aus unzulässig.

Somit erhalten die drei oben gestellten Fragen bei Leibniz keine klare Antwort. Das Wirkliche unterscheidet sich vom logisch Möglichen durch sein Vorhandensein von etwas, was nicht bestimmbar ist und sich in der Logik verflüchtigt, in der realen Welt jedoch zugegen ist. Gewisse Seiten der Wirklichkeit sind zufällig; ihre faktische Struktur ist unserer Welt eigen, könnte aber bei anderen Welten so nicht vorhanden sein oder könnte sogar in unserer Welt nicht existieren, wenn sie eine „andere" wäre. Aber in Wirklichkeit sind auch Merkmale des logisch Widerspruchsfreien, d. h. des Möglichen und logisch Notwendigen, realisiert. Folglich gibt es in der Wirklichkeit auch etwas von der Notwendigkeit. Außerdem ist schließlich die Tatsache, daß gerade unsere Welt realisiert ist, nicht zufällig, sondern notwendig. Eine größere Klarheit der Antworten konnte auch auf Grund des idealistischen Rationalismus nur um den Preis des völligen Bruches mit den „widerspenstigen" Fakten der materiellen Wirklichkeit erhalten werden.

Selbst die von Leibniz durchgeführte Aussonderung des „Zufälligen" nach rein logischen Gründen zog unvermeidlich eine Grenze zwischen der logischen ratio (dem Grund) und der physischen causa (der Ursache). „Dort, wo die logische Notwendigkeit nicht bewiesen ist, kann eine physische bestehen." Die physische Notwendigkeit gelangt, ohne eine logische Notwendigkeit zu sein, in die Rubrik des logisch Zufälligen, aber es fragt sich, woher in unserer Welt das in Leibnizschem Sinne Zufällige zu nehmen ist, wenn diese ganze Welt das Produkt des Übergangs vom logisch Möglichen in das real Wirkliche ist? Im weiteren werden wir sehen, daß Leibniz im Endergebnis die Existenz zufälliger Fakten zurückweisen und eine vermittelte Ableitung dessen, was uns als empirisch Zufälliges erscheint, aus dem logisch Möglichen postulieren mußte. Das beeinflußte stark seine Lehre von der Wahrheit und führte zur phänomenalistischen Identifizierung des Gegenstandes mit der Konjunktion seiner Eigenschaften (Prädikate).

## Die methodologische Rolle der Gesetze der Logik

Die *Gesetze der formalen Logik* spielen eine wichtige methodologische Rolle in der Lehre von der Wahrheit. Wir haben bereits gesehen, daß der Satz vom Widerspruch bei Leibniz als Mittel zur Konstruktion des Schemas der Modalitäten fungiert, aus dem bestimmte Charakteristiken der Welt folgen. Entsprechend wirkt dieser Satz auch bei der Konstruktion der Charakteristiken der Wahrheit.

Negation der Wahrheit bedeutet logischen Widerspruch, d. h. einen Verstoß gegen den Satz vom Widerspruch, der ontologische und gnoseologische Kraft besitzt. Da eine Negation der Wahrheit unmöglich ist, der Wahrheit aber Notwendigkeit innewohnt, muß *jedes* wahre Urteil logisch notwendig sein. Diese Bedingung kann nicht vollständig und vorbehaltlos erfüllt werden, wenn der Inhalt des Prädikats von außen dem Inhalt des Subjekts hinzugefügt wird, denn eine solche Entstehung des Prädikats gibt keine Garantie dafür, daß es bei weiterer Untersuchung nicht dem Subjekt widerspricht. Diese Bedingung wird nur dann erfüllt, wenn das Prädikat im Subjekt enthalten ist, mit anderen Worten, wenn die Behauptung des Prädikats logisch unabdingbar aus dem Subjekt folgt: praedicatum inest subjecto. Somit wird ein Satz, der notwendig wahr ist und folglich völlige Wahrheit besitzt, analytisch sein.

Diese These wird auf folgende Weise entwickelt: (1) nicht nur jeder endliche analytische Satz, sondern auch ein Satz, der durch eine endliche Anzahl von Umwandlungen auf einen analytischen Satz reduzierbar ist, muß wahr sein; (2) und umgekehrt, jeder notwendige wahre Satz ist unabdingbar ein analytischer [*19*, S. 440]. Die erste dieser zwei Formulierungen beruht auf der Wirkung des Satzes vom Widerspruch und des Identitätssatzes. In einem vollen analytischen Satz ist $S = P$, das heißt $A = A$, und dies muß deshalb wahr sein, weil $A = non\ A$ eine Lüge bedeuten würde, da $A = A$ durch das entsprechende Gesetz als Wahrheit bestätigt wird. Folglich ist die Negation eines wahren Satzes nicht nur falsch, sondern auch widersprüchlich. Die zweite Formulierung geht davon aus, daß der Inhalt des Subjekts ein zusätzlicher Grund für die Behauptung des Prädikats ist, wenn letzteres aus dem Subjekt folgt. Übrigens stützt sich auch der erste Satz auf den Satz vom zureichenden Grunde, da er die Wahrheit des Satzes auf der Tatsache seines analytischen Charakters begründet.

Leibniz vereinte den formal-logischen *Satz vom Widerspruch, den Identitätssatz und den Satz vom ausgeschlossenen Dritten* zu einem einzigen Gesetz. Das erfolgte in zwei Etappen; auf der ersten wurden der Satz vom Widerspruch und der Identitätssatz vereinigt. Dadurch entstand das „*Prinzip des Widerspruchs oder der Identität*", d. h. die These, „daß ein Urteil nicht gleichzeitig wahr und falsch sein kann, daß folglich $A = A$ ist und nicht $= non\ A$ sein kann" [*15*, 1, S. 124].

Auf diese Weise erweist sich der Satz vom Widerspruch gleichsam als die andere Seite des Identitätssatzes. Bereits in dieser Formulierung ist auch die ontologische Bedeutung des Satzes oder Prinzips der Identität und des Widerspruchs ersichtlich. Gnoseologisch kann es eigentlich folgendermaßen gelesen werden: ein wahrer Satz kann nicht falsch sein, und ein falscher Satz kann nicht wahr sein, sondern er ist nur falsch. Bei Leibniz findet man auch folgende Relation: alles, was sich widerspricht, ist falsch, und alles, was Falschem widerspricht, ist wahr. Die zweite Etappe schließt in die verallgemeinerte Formulierung auch den *Satz vom ausgeschlossenen Dritten* ein: *A* ist entweder *A* oder *non A*, wobei „oder" eine starke Disjunktion ist. Im Ergebnis erhält man folgende Behauptung: „Jeder Satz ist entweder wahr oder falsch, und seine Negation ist entsprechend entweder falsch oder wahr." Dieses „oder" verwendet Leibniz außerordentlich umfassend, wobei die erhaltene Behauptung folgendermaßen dargelegt wird: (a) Es ist unmöglich, daß ein Satz sowohl nicht wahr als auch nicht falsch ist; (b) ein wahrer Satz ist wahr, und ein falscher ist falsch; (c) ein Satz kann nicht gleichzeitig wahr und falsch sein, wobei die Negation der Falschheit Wahrheit ist, und die Negation der Wahrheit Falschheit ist. In dieser Konjunktion entspricht (b) dem Identitätssatz, (c) dem Satz vom Widerspruch und (a) dem Satz vom ausgeschlossenen Dritten. [*14*, (A) VII, S. 198–203; vgl. *55*, S. 400–402].

Zu dieser logischen „Dreiheit", die für die Methode noch die Rolle eines einzigen Prinzips spielt, muß ein viertes Gesetz oder Prinzip hinzugefügt werden – das *des zureichenden Grundes* (principium rationis sufficientis), das bei Leibniz sowohl ontologische als auch logische (gnoseologische) Bedeutung besitzt: Jedes Ding hat einen zureichenden Grund für seine Existenz und seine Veränderung; auch im menschlichen Leben kann man nichts ohne Grund ändern. Jede Behauptung und jede Negation kann nur auf einer bestimmten Grundlage wahr oder falsch sein.

Die methodologische Bedeutung der Gesetze der Logik ist bei Leibniz grundlegend und wird durch seinen Rationalismus und den Charakter der übrigen Prinzipien seiner Methode bestimmt. Der Identitätssatz wächst unmittelbar in das Prinzip der „Identität nichtunterscheidbarer Dinge" über, dessen Rolle wir bereits untersucht haben. Ohne den Satz vom Widerspruch wäre weder dieses Prinzip noch das Prinzip der allgemeinen Unterschiede wirksam und definiert, denn Unterschiedliches ist *nicht* identisch. Der Satz vom ausgeschlossenen Dritten widerspricht durchaus nicht den kontinuierlichen Übergängen, weist aber indirekt auf das Vorhandensein einer deutlichen Abgrenzung des einen Dinges von allen übrigen hin, wie nahe sie diesem qualitativ auch immer sein mögen.

Was den Satz vom zureichenden Grunde betrifft, so sind seine Funktionen von besonderer Bedeutung, da man unter dem zureichenden Grunde alle Bedingungen (Gründe) des Seins verstehen muß, die gemeinsam genommen sind und gemeinsam wirken. Die rationalistisch breite Interpretation dieses Satzes führt nicht selten von der Suche nach einer konkreten Determinierung eines Ereignisses und einer Erscheinung weg zur spekulativen Teleologie; dennoch begründete Leibniz auf diesem Gesetz definitiv alle übrigen Gesetze der Logik und beraubte mit Hilfe dieses Satzes Gott seiner Handlungsfreiheit und zerstörte alle möglichen scholastischen Funktionen [*15*, 1, S. 174], bewies die Unabänderlichkeit des Prinzips der Identität nichtunterscheidbarer Dinge [*15*, 1, S. 173] und des allgemeinen Determinismus.

Der Satz vom zureichenden Grunde half Leibniz im Geiste des rationalistischen Monismus den Weg zur vollständigen Vereinbarung der Thesen „jeder analytische Satz ist wahr" und „jeder wahre Satz ist analytisch" zu zeigen. Dazu war es erforderlich, die zweite These damit zu erklären, daß die primären Gründe aller Wahrheiten in einer einheitlichen Weltvernunft als logische Möglichkeiten oder uranfängliche Definitionen wurzeln, was man natürlich nicht so verstehen darf, als sei nach Leibniz jede Definition eine ursprüngliche Wahrheit. Man wird erkennen müssen, daß „jedes Prädikat in der Natur des Subjekts enthalten ist (inest)" [*15*, 2, S. 143]. Leibniz kommt zu dem Schluß: Nikolaus von Kues hatte recht, wenn er die Modalität „Zufälliges" nur auf den endlichen menschlichen Verstand bezog, der es mit den ihn umgebenden einzelnen Dingen zu tun hat, ohne ihre unendlich tief in das Allgemeine reichenden Wurzeln zu sehen, während sich in Wirklichkeit das, was vom Standpunkt der relativen Wahrheit aus zufällig ist, im Sinne der absoluten Wahrheit als notwendig erweist.

Um das Analyseverfahren, mit dessen Hilfe das Relative mit dem Absoluten verbunden werden könnte, im Prinzip zu zeigen, waren einige (traditionell) ontologische Probleme zu lösen, darunter das Problem der Entwicklung der Dinge und der Wechselbeziehung von Wesen und Erscheinung sowohl in der Gnoseologie als auch in der Ontologie. Außerdem erweist sich der Satz vom zureichenden Grunde zur Bestätigung des analytischen Charakters der Aussagen über das Zufällige, d. h. über die empirischen Fakten, allein als unzureichend. Das *Prinzip der Vollkommenheit* (principium melioris) kommt zu Hilfe, da es Einheit, Vollständigkeit und Zuverlässigkeit des Wissens fordert, Zufälliges vertreibt und Notwendiges bestätigt. Aber damit begründet dieses Prinzip, indem es Zufälliges (und zufällige Wahrheiten) zum Notwendigen (und zu notwendigen Wahrheiten) erhebt, die Kategorie „Zufall". Letztere verschmilzt nicht mit der „Notwendigkeit", da im Sinne von Leibniz ihre vermittelte Erhebung zur Notwendigkeit sie dennoch nicht in der logischen, geometrischen oder streng absoluten „metaphysischen" Notwendigkeit auflöst. Warum? Ursache für das alles ist die *Unendlichkeit*. Leibniz mit seinem bemerkenswerten dialektischen Feingefühl sieht in ihr die Quelle sowohl der Geheimnisse und Wunder des Kontinuums als auch den Ursprung von Freiheit und Zufall.

L. Couturat führt unter den Auszügen, die er aus den Manuskripten von Leibniz anfertigte, folgenden an: „In Wahrheit gibt es zwei Labyrinthe im menschlichen Geist – eines in dem, was den Aufbau des Kontinuums betrifft, und das andere in dem, was sich auf die Natur der Freiheit bezieht, und beide kommen aus ein und derselben Quelle – der Unendlichkeit." [37, S. 210]. Die Zufälligkeit der Fakten wird von Leibniz zur „moralischen Notwendigkeit" der höheren vernünftigen Struktur der Wirklichkeit erhoben, genauer – zu jenem *Übergang* vom logisch Möglichen zum faktisch Wirklichen, den man so schwer fassen, erklären und in seiner Konkretheit und Spezifität begründen kann, der jedoch absolut nicht mit schicksalhafter Unabwendbarkeit erfolgt. Wenn er so erfolgen würde, wäre alles logisch Mögliche bereits Wirkliches; es gäbe keine Entwicklung, keine Veränderung, und der Fatalismus der Substanz Spinozas würde alles zwingen, in unbeweglicher außerzeitlicher Ewigkeit zu versteinern.

Hier begegnet uns das Prinzip der Vollkommenheit in einem neuen Licht. Wenn das Prinzip des zureichenden Grundes einfach fordert, daß alles anscheinend synthetische Wissen im Grund analytisch ist, zeigt das Prinzip der Vollkommenheit den Weg zur Unterscheidung der Verfahren, nach welcher dies im Falle notwendiger oder sogar zufälliger Fakten und Wahrheiten erreicht wird. Dadurch kann die vollständige Identifizierung von Zufall und Notwendigkeit, die zu einer fatalistischen und folglich unvollkommenen Welt führen würde, verhindert werden. Deshalb hält auch B. Russell das Prinzip der Vollständigkeit und der Vollkommenheit nur für eine Konkretisierung, Präzisierung und Entwicklung des Prinzips vom zureichenden Grunde.

Es liegt auch Sinn darin, das Prinzip vom zureichenden Grunde entweder als Verallgemeinerung oder als Quelle zweier Prinzipien zu betrachten – des Widerspruchs und der Vollkommenheit, von denen das erste die Wahrheit der endlichen analytischen Urteile behauptet und das zweite die Wahrheit der unendlichen.[11] Bei der einen wie bei der anderen Betrachtung stimmen die Gesetze der Logik und die Prinzipien der Vollständigkeit und Vollkommenheit dennoch weder ihrem Charakter nach noch in ihren Folgerungen überein. Der erste Umstand ist offensichtlich, und der zweite hängt mit Leibniz' Bemühungen zusammen, Fatalismus zu vermeiden und zumindest die Tendenz zu zeigen, die zum Nachweis der Spezifik des Zufalls führt.

Indem er, wie wir zeigten, diese Spezifik mit den Eigenschaften der Unendlichkeit verbindet, kommt er zum Begriff der unendlichen Kette des logischen – und folglich auch ontologischen – Zusammenhangs, die der menschliche Verstand, realisiert er die Analyse, niemals bis zum Ende verfolgen kann. Hieraus ergibt sich einerseits die vorläufige Interpretation des Zufälligen als etwas, dessen Begründung sich außerhalb der Grenzen der menschlichen gnoseologischen Möglichkeit befindet. Andererseits formuliert Leibniz das Prinzip des *allgemeinen Zusammenhangs* (liaison universelle), das im Grunde logischer Natur ist: in den sinnlichen Erscheinungen ist dieser Zusammenhang nicht echt, aber im substantiellen Wesen wird er dem Denken aufgedeckt, so daß die verschiedenen Wissenschaften sich gegenseitig aufhellen [*4*, S. 640ff.]. Nach Leibniz determinieren die Dinge einander nicht so sehr, sondern sie werden vielmehr miteinander „abgesprochen".

Das Vorhandensein des Prinzips des allgemeinen Zusammenhangs im System der Leibnizschen Methode war in gewissem Maße bereits durch das Prinzip der Kontinuität, d. h. der allgemeinen Geordnetheit, im voraus entschieden. Mani-

[11] Bei theologischer Behandlung des Prinzips der Vollkommenheit erfährt auch das Prinzip vom zureichenden Grunde die gleiche Behandlung.

festationen des gegenseitigen Zusammenhangs sieht Leibniz überall, sowohl in der Gleichartigkeit der von den Wissenschaften untersuchten Natur als auch in der Einheit der Wissenschaften von der Natur, sowohl in der großen Verbreitung der Analogien [*14*, (A) III, S. 52] als auch in der Universalität der wissenschaftlichen Gesetze. Aber die wechselseitigen Zusammenhänge selbst sind nur Erscheinungen, da im Wesen der Dinge kein wechselseitiger Zusammenhang vorhanden ist, sondern eine wechselseitige Übereinstimmung, die durch den Begriff der ursprünglichen, der *prästabilierten Harmonie* ausgedrückt wird. Wechselseitige Übereinstimmung bedeutet mehr als die Vereinbarkeit der Dinge. Da sie in allen möglichen Analogien zum Ausdruck kommt, wurzelt sie in der *logischen Einheit der Welt*. In diesem Sinne ist die prästabilierte Harmonie nur die Folge der universalen Wirkung des Identitätssatzes und des Satzes vom Widerspruch. Außerdem verweist das Prinzip des allgemeinen Zusammenhangs auf die wechselseitige Entsprechung aller Prinzipien der Leibnizschen Methode.

Ist nun das Prinzip des allgemeinen Zusammenhangs in seinem Wesen dialektisch oder ist es metaphysisch? Die Antwort auf diese Frage ist nicht einfach, da sie nicht nur vom Kontext des philosophischen Systems, sondern auch von den Bedingungen in der Wissenschaft der damaligen Zeit und vom Charakter der Epoche allgemein abhängt. Bei Leibniz spielte es ohne Zweifel eine dialektische Rolle, obgleich es mit dem metaphysischen und idealistischen Begriff der prästabilierten Harmonie in Zusammenhang steht.

Die Präzisierung des Begriffs „Zufall" brachte Leibniz in Schwierigkeiten, da er sich nicht mit einer gnoseologischen Erklärung vermittels der potentiellen Unendlichkeit zufriedengeben konnte. Er suchte eine ontologische Begründung mit Hilfe der aktualen Unendlichkeit, die im Wesen der Dinge wurzeln würde. Das, was zufällig ist, hat in den tieferen Wesenheiten keine unmittelbare Begründung. Also folgt ihre Existenz nicht aus den eigentlichen Wesenheiten der zufälligen Dinge und Ereignisse. Woraus folgt sie jedoch dann? Wird sie aus den tiefen ursprünglichen Wesenheiten über eine lange Kette von Begründungen (Ursachen) hergeleitet, kehrt man zum Fatalismus zurück, ähnlich wie es bei Spinoza geschah. Leibniz greift zu einer anderen Antwort und verweist darauf, daß die höchste Kraft „frei" jene Dinge und Fakten zur Existenz auswählte, die der maximalen Vollkommenheit der Welt entsprechen. Die Gefahr, in den Fatalismus zu geraten, zwang Leibniz, auf die göttliche Allmacht zu verweisen – ein für die Philosophen und Wissenschaftler des 17. Jh. übliches Verfahren. Aber das führte zur Mystifizierung des Zufalls und gab Paradoxien des religiösen Glaubens freie Bahn.

Die Mystifizierung des Zufalls zwang dazu, das Prinzip der Vollkommenheit selbst schon nicht mehr in dem Sinne als „zufällig" zu betrachten, daß, wenn die Welt unvollkommen wäre, das nicht zu einem logischen Widerspruch führen würde, sondern in dem Sinne, daß dieses Prinzip gleichsam streng motiviert eingeführt sei, durch „freie Entscheidung" der höchsten Kraft, die die „zufällige Notwendigkeit" realisiert hat. Auch hier gibt es ein Echo der „freien Notwendigkeit" Spinozas, die der in allen Beziehungen unendlichen Substanz eigen ist: in der Unendlichkeit fallen Freiheit und Notwendigkeit, Notwendigkeit und Zufall, Zufall und Möglichkeit, Möglichkeit und Wirklichkeit zusammen. Wir werden sehen, daß Leibniz noch mehrmals auf dieses Resultat stößt, wenn er versucht, zum „Schiedsrichter" über die Nebenbuhlerschaft zwischen Gott und der logischen Erkenntnis der Welt zu werden.

## Das Prinzip „Maximum und Minimum" und die Struktur der Methode

Aber wenn das Prinzip der Vollständigkeit und der Vollkommenheit zufällig ist, folglich darauf die Eigenschaften des Zufälligen ausgedehnt werden, muß man auch auf dieses Prinzip die Formel anwenden: contingentiae radix est in infinitum – der *Grund des Zufalls ist im Unendlichen.* Dieses Prinzip wird folglich nur über eine unendliche Anzahl von Schritten realisiert, und jeder konkrete Zustand der Welt ist ebenso vollkommen wie unvollkommen. Aber jeder konkrete Zustand der Welt hat eigene spezielle Probleme des Unendlichen, und diese kann man völlig definitv lösen. Daraus resultiert Leibniz' Suchen im Bereich des Unendlich-Kleinen, das mit der glänzenden Entdeckung der Differentialrechnung, mit der Grundlegung der Variationsrechnung und dem Entwurf der sogenannten Extremalmethode der Minimalisierung und Maximalisierung abschloß.

Letzteres hängt direkt mit dem Prinzip der Leibnizschen Methode unter der Bezeichnung „Maximum und Minimum" zusammen. Die Herausbildung dieses Prinzips wurde durch jene Behandlung der welterfüllenden Monadenreihe bestimmt, nach der sich der „Anfang" der Reihe in der Aufeinanderfolge der unendlich Kleinen befindet und das „Ende" zu unendlichem Anwachsen strebt. Dabei erfolgt an jeder Stelle der Reihe eine widersprüchliche „Abstimmung" einer unendlich großen Anzahl benachbarter, unendlichen Inhalt besitzender Monaden mit unendlich kleinen Unterschieden zueinander. Somit sind die Prinzipien der Leibnizschen Methode – das der Kontinuität, der Monade, der Vollständigkeit und der Vollkommenheit und auch des allgemeinen Zusammenhangs – unsichtbar im Prinzip „Maximum und Minimum" vorhanden. Das Prinzip selbst wird folgendermaßen formuliert: ein Minimum an Wesen erzeugt ein Maximum an Existenz. „Die Natur ist freigebig in ihrem Wirken und sparsam in den von ihr verwendeten Ursachen." [*4*, S. 366] Alles in der Welt erreicht maximale Resultate mit Hilfe eines Minimums an Mitteln. Das ist deshalb möglich, weil der Welt eine grenzenlose *Vielfalt* von Erscheinungen eigen ist[12] und andererseits eine Einfachheit als Einheit und Gebundenheit, Ganzheitlichkeit und

[12] Sie ist nicht absolut, da in dieser grenzenlosen Klasse jene Dinge und Prozesse eine Ausnahme bilden, die sich nicht der Forderung nach gegenseitiger Abgestimmtheit unterordnen.

Geordnetheit. Die Prädikate der Wirklichkeit in all ihrer wechselseitigen Gegensätzlichkeit vereinigen sich gleichzeitig, überkreuzen sich und gehen ineinander über. Und da das Prinzip „Maximum und Minimum" ähnlich allen vorangehenden sowohl in der Ontologie als auch in der Gnoseologie wirkt, haben seine Anwendung und die von Leibniz angeführten Beispiele äußerst unterschiedlichen Charakter – bis zum Ästhetischen hin.

Ein Wassertropfen, der nicht durch äußere Einwirkung deformiert wurde, ist kugelförmig, d. h., er enthält bei minimaler Oberfläche eine maximale Menge an Flüssigkeit. Lichtstrahlen folgen bei maximaler Vollständigkeit der Reflexion von einer spiegelnden Oberfläche dem kürzesten Weg. Der optimale Weg wird vom Licht auch bei der Brechung gewählt. Die unendliche Summe der „unendlich kleinen" Summanden findet in der endlichen Größe des Integrals einen maximal ökonomischen und abgeschlossenen Ausdruck. Es gibt immer die Möglichkeit, für eine bestimmte gesuchte Charakteristik eines sich bewegenden Körpers, wie Wegzeit, durchlaufene Strecke, die vom Vektor überstrichene Fläche usw., eine minimale oder aber maximale Größe bei entsprechend maximaler oder aber minimaler Größe anderer vorgegebener Parameter zu finden. So verweist der Mathematiker den Mechaniker auf die Brachistochronie, z. B. auf eine Kurve, auf der ein Körper zu einem niedriger liegenden Punkt rollt, um bei maximaler Beschleunigung zu Beginn des Weges und minimaler Ausdehnung der Bahn das vorgegebene räumliche Intervall in kürzester Frist zu durchlaufen. In axiomatischen Konstruktionen muß die Anzahl der Axiome bei gleichzeitig größtem Inhalt minimal sein.

Allgemein orientiert in der Erkenntnis dieses Prinzip darauf, mit Hilfe eines Minimums richtig gewählter Verfahren und Gesetze ein Maximum an Ergebnissen zu erreichen [*15*, 2, S. 141]. Es orientiert auch auf eine „Verdichtung" des Wissens allgemein. Die Möglichkeit, dies alles zu erlangen, wurzelt in der Vollkommenheit der Welt (lies: in der Unerschöpflichkeit und Einheit der Natur); es ist daher nicht verwunderlich, daß die Extremalaufgaben bereits Fermat und später Maupertuis, Euler, Hamilton und Lagrange mit Methoden zu lösen versuchten, die der Leibnizschen Konzeption nahekamen.

Leibniz selbst betonte mehrfach die große Bedeutung des Prinzips „Maximum und Minimum" für die Erkenntnis: darüber schrieb er in den Briefen an Huygens, in den Arbeiten „Die absolut ersten Wahrheiten" [*17*, S. 518–523], „Über das Prinzip der Analogie" und „Neue Methode für das Prinzip Maximum und Minimum" (1684) [*14*, (B) V, S. 220–226]. Dieses Prinzip läßt sich als die Kehrseite des Prinzips der *prästabilierten Harmonie* interpretieren, das übrigens zweckmäßiger bei der Analyse der Leibnizschen Ontologie eingehender zu betrachten ist. Wichtig ist, daß das Prinzip „Maximum und Minimum" nur unter der Bedingung einer tiefgehenden organischen Einheit der Welt eben deshalb möglich ist, weil es auf die Polaritäten in ihrer Struktur und ihrer Erkenntnis verweist, umso mehr, da in diesem Prinzip auch die allgemeine Orientierung auf die Erkenntnis durch Gegensätzlichkeit enthalten ist (das Maximale durch das Minimale und umgekehrt). Etwas anderes ist es, daß dieses Prinzip eine Reihe von Präzisierungen erfordert, da „Einfachheit" in der Logik und in den naturwissenschaftlichen Disziplinen bei weitem nicht ein und dasselbe ist und die objektive Welt nur im Sinne ihrer Einheitlichkeit „einfach" ist, aber gleichzeitig ihrem Inhalt nach unerschöpflich kompliziert. Die allgemeine Bedeutung dieses Leibnizschen Prinzips im Sinne der „Minimalisierung" und der Kompaktheit des Wissens ist in unserem Jahrhundert bei dem Ansturm neuen Wissens und angesichts der „Informationsexplosion" unbestritten.

Somit haben wir alle grundlegenden Prinzipien der Leibnizschen Methode betrachtet, die zuweilen einander gegenüberstehen, aber im Endergebnis eine überraschende Einheit bilden. Es ist nicht verwunderlich, daß die Erklärung ihrer Subordinierung und die Rekonstruktion ihres Systems zu einem Problem wurden, das einen besonderen und wesentlichen Teil der Analyse der Leibnizschen Philosophie bildet.

Professor I. I. Jagodinskij von der Universität Kasan, den man als den Begründer einer ernsthaften Leibnizforschung in Rußland betrachten kann, bezeichnet als die fünf Elemente der Methode die folgenden sehr umfassenden Prinzipien und ordnete sie in einfacher linearer Reihenfolge: Panlogismus, Individualisierung der Dinge, ihre allgemeine Harmonisierung, qualitative und quantitative Unerschöpflichkeit der Welt im Wesen und in den Erscheinungen und die „mechanische Hypothese" in Anwendung auf die Erscheinungen [vgl. *32*, S. 359f.]. Fast alle diese Elemente, I. I. Jagodinskij nennt sie auch die Grundideen des Leibnizschen Systems, sind uns bereits hinreichend bekannt. Nach Ansicht von I. I. Jagodinskij kommen diese Elemente durch den Begriff „potius" („zum besseren"!), der bald logischen, bald metaphysischen, bald ethischen Sinn hat, d. h. Streben nach Wahrheit, nach Harmonie und Freiheit ausdrückt, zu einer Systemeinheit [vgl. *32*, S. 388].

Die später durchgeführte Rekonstruktion des Leibnizschen Systems und seiner Methode führte zu vollständigeren Ergebnissen. N. Rescher [*42*, S. 25, 27, 49, 52, 57] leitet alle Prinzipien dieser Methode aus dem Satz vom zureichenden Grunde ab, aus dem einerseits die Wahrheit und Notwendigkeit des Identitätssatzes und folglich auch des Prinzips der Identität nichtunterscheidbarer Dinge und andererseits Wahrheit und Allgemeingültigkeit des Prinzips der Vollkommenheit in seinen drei besonderen Modifikationen – der Kontinuität, der Vollständigkeit und der Harmonie – folgen. Jedoch erfaßt dieses Schema nicht alle Leibnizschen Prinzipien und berücksichtigt nicht die Wechselwirkungen zwischen ihnen.

Der sowjetische Leibniz-Forscher G. G. Majorov hebt als Ausgangsprinzip das des wechselseitigen Zusammenhangs aller Dinge hervor [*15*, 2, S. 443; *17*, S. 521], auf dessen Wirkung das Prinzip der Vereinbarkeit, d. h. der gleichzeitigen Möglichkeit der Dinge beruht, wobei auf dem letzteren der Satz vom zureichenden Grunde basiert und durch diesen der Identitätssatz und das Prinzip der Vollkommenheit gestützt wird. Außerdem folgen aus der Wechselwirkung der Prinzipien des wechselseitigen Zusammenhangs aller Dinge und ihrer Veränderung und Entwicklung die Prinzipien der Kontinuität und der Vollständigkeit [*15*,2, S. 428ff.] und aus der Wechselwirkung der Prinzipien der Kontinuität und der Vereinbarkeit – das Prinzip der prästabilierten Harmonie.

Andererseits führt er Beweise dafür an, daß das Prinzip „Maximum und Minimum", das wechselseitigen Zusammenhang und Veränderlichkeit, Kontinuität und Unterschiede vereinigt, allumfassend ist.

Das Schema von N. Rescher wiederholt teilweise jene Abhängigkeiten zwischen den Prinzipien der Methode, auf die Leibniz selbst verwies [vgl. z. B. *15,1*, S. 171]. G. G. Majorov geht einen anderen Weg, indem er bei Leibniz Äquivalente zu den Prinzipien der dialektischen Methode als solcher vermerkt [vgl. z. B. *17*, S. 539]. Unbestritten ist der wechselseitige Zusammenhang zwischen den Bestandteilen der Leibnizschen Methode und seinem System nicht zufällig und in bestimmtem Maße eine Folge seiner Ansichten über die Welt als einheitliches, gegenseitig bedingtes Ganzes. Entsprechend ist für Leibniz die allgemeine Veränderlichkeit der Dinge und das Fehlen der absoluten Ruhe unzweifelhaft eine Tatsache. Wenn wir jedoch diese Prinzipien in den Vordergrund stellen, entfernen wir uns zu weit von Leibniz' Grundkonstruktion. Wenn wir das Prinzip der Abstufung, das für seine Methode charakteristisch ist, als Ausdruck des Gesetzes der Einheit und des Kampfes der Gegensätze interpretieren, da die stufenförmigen Übergänge zu immer tieferen Unterschieden führen, die bis zum Widerspruch gehen, können wir zu einer *Theorie* der Dialektik gelangen, verlieren jedoch den echten Leibniz aus dem Auge, der keine direkten Schlußfolgerungen über die Dialektik in unserer Interpretation derselben gezogen hat.

Auf anderem Wege kann man ein Schema zusammenstellen, das die dialektischen Wechselbeziehungen zwischen den logischen und gnoseologischen Elementen der Methode des großen Philosophen rekonstruiert, indem man ein triadisches Schema bildet. In gewissem Maße würde das den Gedanken W. I. Lenins illustrieren: in der Dialektik des Nebeneinander der Gegensätze steht Leibniz „nahe bei Hegel" [2, 38, S. 310]. In diesem Schema würde die Wechselwirkung der allgemeinen Unterschiede und der Identität die Rolle der These spielen, die Rolle der Antithese würde von der Wechselwirkung der Prinzipien der Vollständigkeit und des zureichenden Grundes übernommen werden, und die Synthese würde von der Wechselwirkung des Kontinuitäts- und Monadenprinzips gebildet. Andererseits kann man die formal-logischen Zusammenhänge zwischen den Prinzipien der Leibnizschen Methode wie in der Abbildung 1 darstellen.

Wenn man bei der Analyse dieses Schemas das Vorhandensein anderer (in der Abbildung nicht genannter) Beziehungen berücksichtigt, so tritt der dialektische Gehalt der Leibnizschen Methode in höherem Maße direkt aus dem „Gewebe" seiner Lehre hervor und erweist sich nicht als Frucht einer nur modernisierenden Interpretation. In der Tat besteht die Dialektik hier in den dialektischen *Wechselbeziehungen* zwischen den formal-logischen, *wechselseitig verbundenen* einzelnen Prinzipien der Methode.

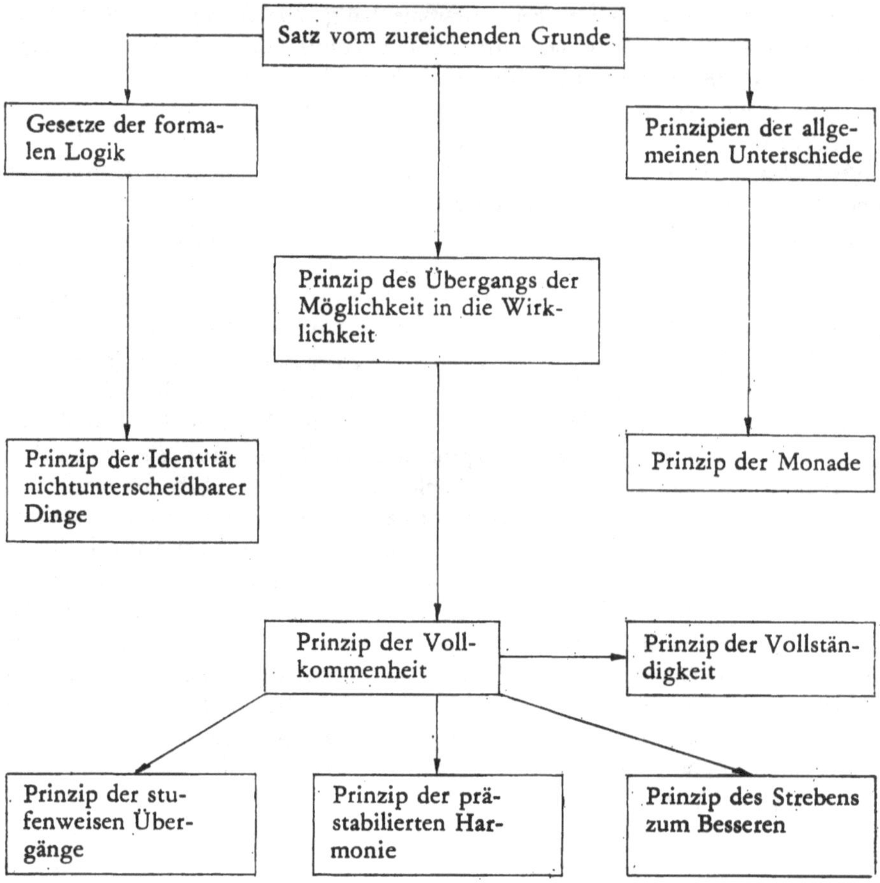


Abb. 1

Außerdem spielte im Leibnizschen System das Prinzip der prästabilierten Harmonie (harmonia praestabilitata), das das Verfahren zum Aufbau seiner ganzen Ontologie bildet, eine wichtige Rolle, wiewohl es bereits für die Erkenntnistheorie von Wichtigkeit war. Wir werden es im folgenden betrachten.

# KAPITEL V

# Ontologie

## Theorie der Monaden

Der Weg von der Methode in die Ontologie verläuft direkt. Die ersten vier Prinzipien der Methode charakterisieren die allgemeine Aufeinanderfolge der Dinge. Sie führen zur Anerkennung der Vielheit der Substanzen.

Nach Leibniz' Ansicht kann aus einer einzigen und alleinigen Substanz die unwiederholbare Vielfalt der Dinge und der Qualitäten des unendlichen Weltalls nicht herrühren, so daß das Prinzip der qualitativen Vielfalt in die Substanz selbst eingeführt werden muß. Fraglos hatte der Philosoph recht, wenn er die Ansicht vertrat, daß in der Natur des Seins direkt die Vielgestalt der Qualität gegeben sein muß. Aber diese Stellungnahme gegen Spinozas Monismus darf man nicht als eindeutig werten. Leibniz hatte recht, als er Spinoza dafür kritisierte, daß seine Lehre von den Eigenschaften der Substanz nicht nur nicht die Möglichkeit gibt, den begründeten Übergang zur unerschöpflichen Vielfalt der Welt der Modi zu verwirklichen, sondern diesen sogar verhindert. Dagegen hatte Leibniz nicht recht, wenn er annahm, daß eine solche Ableitung dadurch verhindert wird, daß Spinoza vom Begriff einer *einzigen* Substanz ausgeht.

Wenn Leibniz behauptet, daß es unendlich viele Substanzen gibt, vermengte er zwei verschiedene Probleme – die *philosophische* (substantielle) und die *naturwissenschaftliche* (physikalische, strukturell-diskrete) Vielfalt der Dinge. Daher verfällt er dem Irrtum, es existiere eine unbegrenzte Menge von Substanzen. Tatsächlich unterwirft er die Substanzen einer gewissen Einheit und Geordnetheit, wenn er das Vorhandensein einer strengen und allumfassenden Hierarchie unter ihnen behauptet, so daß sie ein *System* bilden. Da zwischen den Leibnizschen Substanzen eine qualitative Verwandtschaft besteht, bilden sie eine Art *Familie*. Hier finden wir die Dialektik von Einheit und Vielfalt der realen Welt, aber diese Dialektik wird in diesem Falle für einen hohen Preis erreicht – für den Preis des Idealismus, da nach Leibniz alle Substanzen ihre gemeinsame geistige Natur verbindet.

Deshalb erweisen sich die Unterschiede zwischen den Substanzen nicht als räumlich-zeitliche oder als mechanisch-quantitative, sondern als geistig-psychische und organisch-qualitative. Leibniz' Methode dehnt die Individualisierung und die Autonomie auf die ganze Welt aus, bis in ihre entferntesten Bereiche. Ähnlich den verschiedenen menschlichen Persönlichkeiten sind die Substanzen individuell und unwiederholbar, jede von ihnen besitzt Eigenart, ändert und entwickelt sich auf eigene Weise, wenn auch ihre gesamte Entwicklung schließlich in einheitlicher Richtung verläuft.

Bei all ihrer Individualität sind die Substanzen miteinander nicht nur dadurch verwandt, daß sie alle geistig sind, sondern auch dadurch, daß sie ewig und daß sie „einfach“ sind, d. h. unteilbar. In diesem Sinne, und auch darin, daß die räumlichen Unterschiede für sie überhaupt nicht wesentlich sind, stellen sie „Punkte“ dar – nicht mathematische oder physikalische, sondern „metaphysische“. Es handelt sich nicht um minimale Elemente geometrischer Strukturen oder um stoffliche Atome oder Korpuskeln, sondern um „wahre Atome“, ähnlich jener Art von unteilbaren „Atomen“ wie in der Pneumatologie die menschlichen Seelen und in der Jurisprudenz die Persönlichkeiten. Nach dieser „Philosophie der Punkte“, wie Leibniz seine Weltanschauung in einem Brief an Herzog Johann Friedrich im Jahre 1671 bezeichnete, sind die geometrischen und die physikalischen Punkte nur „Gesichtspunkte“ [vgl. *15,2*, S. 265]. Sie sind überhaupt bloße Erscheinungen, nur die geistigen „Punkte“ dagegen sind Wesenheiten.

Physikalische „Punkte“ sind nach Leibniz im Prinzip stets kompliziert, d. h. real und gnoseologisch zergliederbar, in ihre Bestandteile zerlegbar, so daß in der körperlichen Natur keinerlei endgültige, weiter nicht zerlegbare Elemente existieren [*4*, S. 136]. Mathematische Punkte sind Abstraktionen und haben keine Realität. Aber es erhebt sich die Frage, was die besonderen „Punkte“ in der von Leibniz selbst entdeckten neuen Rechenweise der sogenannten unendlich kleinen Größen, d. h. die Differentiale, sind? Nach langem Suchen und Irren kam er zu der im Prinzip richtigen Lösung: diese Differentiale sind überhaupt weder Punkte (im algebraischen Sinne – Nullwerte) noch bestimmte Abschnitte (Größen) noch unendlich kleine Mengen. Ähnlich den imaginären Wurzeln und imaginären Zahlen in der Algebra „sind die unendlich kleinen Größen nur für mathematische Berechnungen anwendbar“ [*4*, S. 146]. Aber die Möglichkeit der gestaltbezogenen und angenähert-metaphysischen Verwendung der Termini „Differential“ und „unendlich kleine Größe“ ergibt sich nicht mehr in der Mathematik, sondern bereits in der Philosophie. Das wurde von Leibniz auch genutzt.

Er charakterisiert die Substanzen nicht nur, indem er auf die Daten der Mikroskopie [*15,2*, S. 260] als „lebendige Punkte“ verwies, sondern betrachtet sie auch als eine Art metaphysischer Differentiale, als gewisse aktual unendlich kleine Wesenheiten. Bei strenger Anwendung aller dieser Termini entsteht eine logische Sackgasse, da eine endliche Unendlichkeit ebenso unmöglich ist wie jeder ihr analoge Begriff. Das anerkennt auch Leibniz selbst: „Etwas derartiges existiert nicht. Solch ein Begriff steht mit sich selbst im Widerspruch ...“ [*4*, S. 146]. Aber bei bildlicher Verwendung gibt es keine passendere Bezeichnung für die Substanzen. Sie haben keine Ausdehnung, und in diesem Sinne sind sie Punkte, d. h. ohne räumliche Ausdehnung („Nichts“); dagegen besitzen sie als Substanzen einen vollen Inhalt und sind unerschöpflich. In diesem Sinne sind sie Wesen mit unendlichem Inhalt („Etwas“). Diesen zwei philosophischen Parametern kommt auch der Begriff der philosophischen, unendlich kleinen Wesenheit gleich, die sich gleichzeitig durch die entgegengesetzte Qualität unterscheidet – durch den unendlich großen Inhalt.

Dennoch führt dieser Begriff, wie sehr auch seine Sinnbildlichkeit betont werden mag, bei Leibniz zu unvermeidlichen formal-logischen Widersprüchen. Nicht ohne Grund bemerkt Marx, daß die aktual unendlich kleine Größe bestenfalls eine „unbestimmt kleine Größe" ist, und schreibt vom mathematischen Kalkül Leibniz', daß es deutlich metaphysische Zugeständnisse enthalte [*1a*, S. 153, 123]. Leibniz kam nicht sofort zu der Erkenntnis, daß die Differentiale nicht Größen, sondern Prinzipien der Bildung von Reihen sind. Umsomehr, da Leibniz in der Philosophie in vielen Fällen über die Substanzen und ihre Integration so urteilt, als wären sie tatsächlich bestimmte unendlich kleine Größen und gleichzeitig individuell und streng fixierbare endliche Objekte. Das hüllt die „metaphysischen Punkte" in den Mantel der Mystik und des Geheimnisvollen.[13]

Als metaphysische Punkte oder „lebendige Nullen" können Leibniz' Substanzen mit nicht weniger Recht auch als metaphysische Individualitäten bezeichnet werden, d. h. als Monaden (vom griech. monas – Einheit), wie sie der Philosoph seit 1696 zu bezeichnen pflegte [*3*, S. 153; *4*, S. 231]. Der Terminus „Monade" wurde bereits früher, z. B. in den Werken von Giordano Bruno, verwendet. Leibniz selbst bezeichnet seine Monaden-Substanzen auch als „Entelechien" [*4*, S. 161, 234; *15*,2, S. 260, 439], „substantielle Formen" [*3*, S. 153], „formale Atome" und „echte Atome"; er verwandte somit Ausdrücke von Aristoteles und Demokrit.

Monaden könne nicht entstehen, da die Entstehung von Substanzen aus dem Nichts ein Wunder wäre. Eine körperliche Entstehung als Vereinigung früher existenter Teile ist für die Substanzen nicht charakteristisch. Sie gehen auch nicht zugrunde, da nur zusammengesetzte Körper zugrundegehen können, die in ihre Bestandteile zerfallen. Die Substanz kann nicht sterben, d. h. die Monaden sind „unsterblich" und darin dem Geist ähnlich. In jedem Winkel des Weltalls pulsiert das Leben, nirgends und niemals verstummt der Chor ihrer Stimmen.

In den Briefen an die Königin Sophie Charlotte (aus den Jahren 1702–1716) und an den Platoniker Remond (1713–1716) behauptete der Philosoph mehrfach, daß die Hylozoiker recht haben, und in dem Brief an Bourguet vom 5. August 1715 [*14*, (A) III, S. 578–583] verweist er zur Begründung dieser Behauptung auf die Entdeckungen von Malpighi, Leeuwenhoek und Svammerdam [*14*, (A) III, S. 576–583].

Aber worin besteht denn das Leben der Monade? Jedes Leben ist Tätigkeit, und Substanzen können nicht untätig sein [*4*, S. 9, 84; *3*, S. 153]. Den Monaden ist Passivität fremd, sie sind außerordentlich aktiv, die einen mehr in der Potenz,

[13] In unseren Tagen entstand in der Mathematik die Theorie der sogenannten nichtstandardisierten Analyse, die die Möglichkeiten des Operierens mit aktualen unendlich kleinen und unendlich großen Größen lieferte, was jedoch natürlich nicht die Rehabilitierung der Leibnizschen Lehre von den Substanzen bedeutet.

die anderen aktual, und man kann sogar sagen, daß gerade das aktive Streben (appetitio) ihr Wesen ausmacht. Jede von ihnen ist ein konstanter und kontinuierlicher Strom von Veränderungen, in dem die Änderung der Realität und des Bewußtseins, der Bewegung und Entwicklung zusammenfallen [*15*,2, S. 437; *14*, (A) VII, S. 326f.]. Monaden sind Kräfte, und da sie geistig und gleichzeitig „Punkte" sind, stellen sie Konzentrationszentren qualitativ verschiedener, aber immer geistiger Kräfte dar. Wir haben somit eine pluralistisch-idealistische Konzeption von aktiv wirkenden Substanzen vor uns.

Leibniz' Substanz ist, nach einem Ausdruck von L. Feuerbach, nicht nur ein „vielfarbiger Kristall", sondern bedeutet auch das Prinzip der Tätigkeit, das fast keine Ruhe kennt. Dieses Prinzip erlangte bei dem Philosophen sogar ethische Färbung, was angesichts seines Idealismus nicht verwunderlich ist: in der ewigen „Unruhe" der Monaden besteht ihr Glück, wenn auch dem trüben Stadium dieser Unruhe unvermeidlich ein kaum merkbares Leiden beigemengt ist. Jedoch „... das Glück besteht in dem höchst harmonischen Zustand des Verstandes" [*9*, S. 5]. Der Weg zu dieser Harmonie verläuft somit über Aktivitäten, Tätigkeit, Kampf, der das Gefühl der Entbehrung, des Unbefriedigtseins, des Leidens überwindet und durch seine Ergebnisse beseitigt.

Das Prinzip des aktiven Strebens ist bei Leibniz auf die ganze Natur ausgedehnt – darin besteht seine naturwissenschaftliche Bedeutung. Es ist dies das Bemerkenswerteste in der dynamischen Behandlung der Monade. Marx bemerkte in dem Brief vom 10. Mai 1871 an Engels: „You know my admiration for Leibniz" [*1*, 32, S. 504]. In den „Philosophischen Heften" schrieb Lenin: „Ergo ist Leibniz über die Theologie an das Prinzip des unzertrennlichen (und universellen, absoluten) Zusammenhangs zwischen Materie und Bewegung herangekommen ... Das ist sicherlich auch der Grund, weshalb Marx Leibniz schätzte" [*2*, 38, S. 65, 66].

Diese Erwägungen Lenins enthalten ein sehr wesentliches Moment: Leibniz' Monaden sind nicht nur die Prinzipien der Tätigkeit, der Kraft, conatus, sondern auch Träger der Tätigkeit, Substrate. Die Monaden besitzen nicht nur dynamische, sondern auch eigentlich substantielle und dabei individuelle Charakteristika.[14]

Die idealistische Interpretation der Frage nach dem Substratcharakter der Monaden bei Leibniz wirkte sich unvermeidlich auch auf die Behandlung ihres Dynamismus aus. Wesenskräfte – das sind „primäre" Kräfte [*4*, S. 443], ewige, in ihren Handlungen immer lebende Kräfte, die unwiederholbar sind und in sich die Fähigkeit zur Veränderung und die Tendenz zur Aktualisierung vereinigen

[14] Deshalb hat E. Cassirer unrecht, der Leibniz' „Substanz" dem neukantianischen substratlosen Begriff „Funktion" anpaßte [*36*, S. 378, 539]. Auch Fichte, der den Leibnizschen Rationalismus restaurierte, legte den Akzent darauf, daß gerade die „reine" Tätigkeit primär und die Substantialität von ihr abgeleitet sei. Jedoch bereits Schelling, der in seiner Naturphilosophie den Leibnizschen Dynamismus entwickelte, verwies im Jahre 1799 mit Recht darauf, daß im Substanzverständnis Leibniz' der Gedanke des Substrates mit dem dynamischen Prinzip verbunden wird.

[vgl. *4*, S. 161]. Die Aktualisierung strebt *aus* dem Ideal-Geistigen *ins* Materielle: die geistigen Kräfte erzeugen eine geistige Bewegung, die sich danach als materielle Bewegung offenbart, und bereits hier entspringt des weiteren Ausdehnung und Strukturiertheit der physikalischen Prozesse. Monaden sind „Punkte" besonders in dem Sinne, daß sie infolge ihres geistigen Charakters Konzentrationen von unteilbaren Kräften sind, die man weder mindern noch mehren kann. Teilbar ist der Raum und wiederholbar sind seine Fragmente, aber die Monaden sind nicht nur wegen ihres punktförmigen Charakters unteilbar, sondern auch deshalb, weil sie durch ihr Wesen keine räumlichen Dimensionen besitzen. Da sie die ganze Welt mit ihrem metaphysischen Kontinuum besiedeln, lassen sie der „metaphysischen Leere" nicht deshalb keine Möglichkeit, weil sie so zahlreich sind und ihre Menge die Leere ausfüllt, sondern deshalb, weil die Begriffe „Ausgefülltsein" und „Nichtausgefülltsein" auf das Wesen der Monaden und ihrer Verbindungen nicht angewendet werden können, d. h. keinen Sinn haben. Entsprechend haben die dynamischen Eigenschaften der Monaden keinen Vektorcharakter, die Monaden-Kräfte sind richtungslos.

Die Monaden wurden von Leibniz in Analogie zum menschlichen „Ich" betrachtet und beschrieben. Ihr Leben besteht nicht nur in der Tätigkeit, sondern auch im Bewußtsein. Wenn Leibniz von der Monade schreibt, daß „Substanz Wesen ist, das zur Handlung fähig ist" [*15*,2, S. 436ff.], bedeutet das noch keinen Spiritualismus. Aber der spiritualistische Sinn des Begriffs „Monade" und der darauf begründeten Ontologie, d. h. der *Monadologie*, wurde von dem Philosophen ständig über Analogie und Beispiele aus dem Gebiet der Psychologie der Persönlichkeit aufgedeckt. Erst wenn man die Eigenschaften der Seele untersucht hat, betonte Leibniz in dem Briefwechsel mit Lady Masham [*14*, (A) III, S. 336ff.] in den Jahren 1703–1705, kann man die Besonderheiten der Monaden verstehen, zumal menschliche Seelen ebenfalls Monaden sind.

So bleibt die Persönlichkeit, während sie sich im Verlaufe des ganzen Lebens des Menschen ändert, eben diese Persönlichkeit, die das Bewußtsein der Kontinuität ihrer Existenz in der Zeit bewahrt. Die „Bewegung" jeder Monade ist ihre geistige Änderung, ihre Entwicklung. Die gewaltige Gesamtheit der Monaden erinnert an das „Volk", dessen Bewußtsein die Verknüpfung des Bewußtseins der sie bildenden einzelnen Persönlichkeiten-Monaden ist.

Obwohl alle Monaden eine gemeinsame geistige Natur haben und, wie wir in folgendem sehen werden, eine gemeinsame Herkunft, sind alle Monaden entsprechend dem ersten Prinzip der Methode einander nicht identisch, ähnlich wie sich Charaktere, Verstand und Ansichten der Menschen voneinander unterscheiden. Unterschiede zwischen den Monaden wie auch zwischen den menschlichen Seelen können zumindest anhand von zwei grundlegenden Parametern aufgezeigt werden – anhand des „Gesichtswinkels" (point de vue), unter dem die Welt „perspektivisch" betrachtet wird [*15*,2, S. 57], d. h. anhand der Originalität der Bewußtseinsstruktur, und nach der Stufe der allgemeinen Entwicklung, der Aktivität und der Vollkommenheit.

Gemäß dem Prinzip der Abstufung unterscheiden sich die Monaden nicht nur voneinander, sondern sind einander in diesem oder jenem Maße gerade so ähnlich, wie das bei den Menschen der Fall ist, wodurch sich verschiedene Gruppen und Arten eines einheitlichen Monadenreiches bilden.

Übrigens ist die Gesamtheit der Monaden auch einer Republik ähnlich, denn analog den Seelen der Menschen ist jede von ihnen eine besondere Welt, die ihren eigenen Inhalt besitzt, in den keinerlei Inhalt von außen eindringen und aus dem nichts nach draußen „durchsickern" kann. Jede Monade ist ein geschlossener Kosmos – und daher der bekannte Ausspruch von Leibniz: „Die Monaden haben keinerlei Fenster (les monades n'ont point de fenêtres), durch die etwas hinein- oder hinausgelangen könnte." [*15*,2, S. 436] Die Monaden können in sich selbst auf nichts einwirken und sind selbst keinem Einfluß von außen ausgesetzt – in dieser Selbstgenügsamkeit besteht ihre Vollkommenheit, und in ihrer Selbstbegrenzung die Garantie dafür, daß die Welt kein Chaos darstellt, sondern ein System. Aber es handelt sich um ein eigenartiges System: die Selbstisoliertheit der Monaden reflektiert gleichsam in der Philosophie den deutschen politischen Partikularismus dieser Epoche und erreicht eine gefährliche Grenze, hinter der ihre Verknüpfungen und Wechselwirkungen verschwinden könnten. Leibniz mußte sich nicht wenig den Kopf darüber zerbrechen, wie die Einheit und die Harmonie der Welt wieder herzustellen ist, die durch die Abgeschlossenheit und die gegenseitige Isoliertheit der Monaden untergraben ist.

Leibniz träumte sowohl von einer harmonischen Koordinierung der Monaden als auch von ihrer Subordinierung, die ein Steuerungssystem bildet [vgl. seinen Brief an A. Arnauld vom 9. Oktober 1687, *14*, (A) II, S. 111–129]. Aber das alles ist unerreichbar, da es der Selbstabgeschlossenheit der Monaden widerspricht. Dabei ist Leibniz' Erklärung, daß sich die einen Monaden gern den anderen unterordnen, wenn ihre Ansichten über die Welt einander nahe sind, äußerst gekünstelt. Wenn die Monaden selbstabgeschlossen sind, dann ist nicht nur ihre Organisierung zu einem System der Leitung und der Unterordnung unmöglich, sondern auch der Dialog und folglich auch die kollektive Arbeit der Wissenschaftler in den Akademien, die der große Aufklärer so leidenschaftlich erhoffte.

Warum waren diese Einheit und Harmonie der Welt, die von den Prinzipien der Leibnizschen Methode so streng behauptet werden, ins Schwanken geraten? Die Ursache ist der Idealismus seiner Konzeption, deren Vorgänger und Zeitgenosse der Okkasionalismus war.[15] Indem Leibniz die Monaden aus der realen stofflich-ausgedehnten Welt herausnahm, isolierte er damit die wesentlichen Beziehungen von den phänomenalen: die Tatsache der Wechselwirkungen zwischen den Dingen hörte in seinen Augen auf, ein Zeugnis für die Verbindung

[15] Die Okkasionalisten (von dem Wort occasion – Zufall) wie z. B. N. Malebranche versuchten die Schwierigkeiten des Dualismus von Descartes zu überwinden, indem sie behaupteten, daß Gott synchron auf beide Substanzen einwirkt, so daß jeder Änderung in der ersten eine analoge Änderung in der zweiten entspricht.

zwischen den Monaden zu sein. „Metaphysische Punkte" können nicht miteinander verkehren, wenn es für sie keinen Raum für ihren Verkehr gibt und sie selbst nicht durch räumliche Kategorien bestimmt werden können [vgl. *15*,1, S. 335ff.].

Die Übertragung der okkasionalistischen Lösung des Problems auf die Monaden, nach der Gott, der ständig auf sie einwirkt, ihre Zustände harmonisiert und in eine gegenseitige eindeutige Entsprechung bringt, befriedigte Leibniz nicht völlig. Gott tritt hier in der Rolle eines geschickten Uhrmachers auf, der gezwungen ist, durch seine Einmischung ständig den synchronen Gang der Uhren aufrechtzuerhalten. Es mußte also in der eigentlichen *inneren* Tätigkeit jeder Monade die Ursache für ihre Systemeinheit mit allen übrigen Monaden gesucht werden, und es mußten die Prozesse beschrieben werden, die zu dieser Einheit führen. Hieraus ergab sich die Aufgabe, diese innere Tätigkeit der Monaden eben als bestimmte *Geschichte* ihres Lebens zu charakterisieren.

An und für sich enthält dieser Gedanke einen gewissen dialektischen Kern. Denn den analogen Gedanken Spinozas, der sich bemühte, alles sich in der Welt Vollziehende als Produkt innerer Ursachen (causa sui), einer einheitlichen Substanz zu definieren, wertete Engels als elementare Dialektik der Wechselwirkung. Aber bei Leibniz müßte die Wertung einen zwiefachen Charakter tragen. Der Akzent auf der grenzenlosen Unerschöpflichkeit der Monade verstärkt jene qualitative Mannigfaltigkeit der Welt, die durch die Unterschiede zwischen den Monaden bestimmt wird. Wenn ihre Eigenschaften Originalität und Nichtwiederholbarkeit eher gegen die Einheit und Harmonie der Welt sprechen, fördert andererseits ihre unendliche Vielgestalt die Hoffnung auf das Erlangen dieser Einheit und Harmonie, weil in jeder Monade etwas vorhanden sein kann, das in dem einen oder anderen Zeitmoment den Zuständen und Veränderungen aller übrigen Monaden entspricht.

Wenn man sich jedoch nur auf die Selbstgenügsamkeit jeder Monade mit ihrer inneren individuellen Welt beschränkt, werden damit die metaphysischen Merkmale des ganzen Leibnizschen Systems betont. Das Innere wird in diesem Fall vom Äußeren isoliert, die Monade verschließt sich eifersüchtig in ihrem Persönlichen und Nichtwiederholbaren, obgleich man in diesem Nichtwiederholbaren stets etwas finden kann, das annähernd den nichtwiederholbaren Merkmalen jeder der übrigen Monaden entspricht. Ein anderes Ergebnis konnte es auch gar nicht geben, zumal die Substanz für Spinoza die ganze Makrowelt und für Leibniz eine besondere und streng individualisierte Mikrowelt bedeutet.

Damit erweist sich das Leibnizsche System nicht nur mit metaphysischen Zügen belastet; es mündet auch in subjektiven Idealismus. Man könnte es als eigenartigen kollektiven Solipsismus bezeichnen. Einer der neueren Kommentatoren, H. Carr, behauptet, der Philosoph habe sich die Aufgabe gestellt, „ein System der Realität zu konstruieren, indem er von einer solipsistischen Basis ausging" [*35*, S. 215], und erklärt Leibniz zum geistigen Vater des ganzen Idealismus des 20. Jh. [*35*, S. 218].

Indem nun Leibniz aber annahm, daß jede Substanz mit ihrer Zukunft „schwanger" geht [*15*,2, S. 407], antizipierte er gewisse Züge unseres heutigen wissenschaftlichen Weltbildes. Der von Lenin in „Materialismus und Empiriokritizismus" geäußerte Gedanke über die Unerschöpflichkeit des Elektrons wurde in den „Philosophischen Heften" gerade im Zusammenhang mit den Leibnizschen Ideen wiederholt: „Anwenden auf Atome versus Elektronen. Überhaupt die Unendlichkeit der Materie tief hinunter ... Vgl. die Elektronen!" [2, 38, S. 67, 102]. Heute wird dieser Gedanke glänzend bestätigt, wenn auch die gegenseitige Umwandelbarkeit vieler Mikroteilchen nicht unbedingt ihre Teilbarkeit voraussetzt, umso weniger ihre unendliche Teilbarkeit. Mit seinen zuweilen sehr wundersamen Eigenschaften ist das Mikroteilchen gleichsam ein ganzes Weltall und gleichzeitig unendlich kompliziert, aber diese Kompliziertheit bedeutet nicht seine eigentlich geometrische Strukturiertheit im Makrosinn, nicht das Vorhandensein von „Teilchen", die „Elemente" bilden u. dgl. m. Der Reichtum der Eigenschaften, der inneren Verknüpfungen, Wechselwirkungen und Beziehungen im Mikroteilchen kann auch in dem Fall auftreten, wenn das Teilchen unteilbar ist, und um so mehr, wenn es keine Gestalt und keine gewöhnliche Ausdehnung besitzt.

Wie verstand Leibniz die innere Entwicklung der Monade? Jede von ihnen lebt ein mehr oder weniger intensives Leben, das man wiederum in Analogie zum psychischen Leben der Menschen erklären kann: Empfindungen, Anschauungen, Vorstellungen, Selbstbewußtsein – das sind ihre Stufen. Die Monaden sind gleichsam zwiegesichtig: Streben (appetitio) und Wahrnehmung (perceptio) bilden die zwei Seiten ihres Lebens. Die Selbstentwicklung jeder Monade ist ihr teleologischer Übergang zu höheren Bewußtseinsstufen; dieser ist mit dem Erkenntnisfortschritt gekoppelt. Später machte Hegel in seiner Dialektik des Geistes diese Leibnizsche Idee zum zentralen Prinzip seiner ganzen Philosophie: Entwicklung der Substanz, ihres Selbstbewußtseins und ihrer Erkenntnis sind ein und dasselbe darin.

Die Entwicklung der Monade erfolgt entsprechend dem Prinzip der Kontinuität. Vorstellungen, die bei ein und derselben Monade zu verschiedener Zeit und bei verschiedenen Monaden zu ein und derselben Zeit ungleichartig sind und eine unterschiedliche Stufe der Klarheit besitzen, werden allmählich immer deutlicher und vollständiger. Leibniz interpretierte die Selbstentwicklung der Monaden – als Verlagerung ihrer Aufmerksamkeit auf immer neuere Glieder ihrer „Denkreihen", wobei „von vielen Denkreihen zur Bestimmung des Geistes diejenige die stärkere ist, die vollkommener ist . . . Vollkommener ist diejenige Denkreihe (cogitandi series), die ein deutlicheres Denkmaterial liefert" [*10*, S. 13].

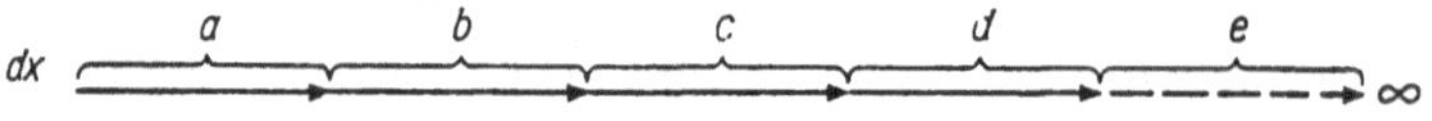


Abb. 2

Die niedrigsten Monaden (in der Abbildung 2: *a*) bezeichnet er als „nackt" (nues); sie bilden in der Hauptsache die anorganische Natur; man kann sie weder als tot bezeichnen, da es keinen Tod gibt, noch als lebend im Sinne der erkennenden Seelen, da der alte Hylozoismus in seiner buchstäblichen Bedeutung falsch ist. Diese Monaden „schlafen ohne Träume", sie bilden z. B. die Steine, die Erde, das Gras u. dgl. m.

Zwischen der sogenannten unbelebten Natur und der belebten existiert ein kontinuierlicher Zusammenhang über eine Kette von vermittelnden Gliedern, d. h. Zwischenwesen. Hier tritt das Prinzip der Kontinuität der Leibnizschen Methode in Kraft. Übergangsstufen gibt es auch innerhalb der organischen Natur – zwischen den Pflanzen, den Tieren und den Menschen (vgl. in der Abbildung 2: *b*, *c*, *d*).

Die zweite Klasse der Monaden zeichnet sich dadurch aus, daß ihre Elemente Empfindungen und Anschauungen (Wahrnehmungen, Perzeptionen) besitzen. Die am wenigsten entwickelten Vertreter dieser Klasse haben passive, d. h. unbewußte und halbbewußte, unklare Anschauungen. Als beliebte Beispiele dafür nennt Leibniz das für uns kaum hörbare Geräusch, das ein herabfallendes Sandkorn hervorruft, oder das schwache Rauschen der Wellen des Meeres am Ufer [*4*, S. 11; *15*,2, S. 431]. Aber das bedeutet nach Leibniz, daß nicht nur die niedrigsten, sondern auch die entwickelten Monaden (Seelen, âmes) trübe Perzeptionen haben. Diese Erwägungen richteten sich gegen den Schematismus der Lehre Lockes (der übrigens von Locke selbst in seinen „Gedanken über die Erziehung" überwunden wurde) und bereicherten die Psychologie durch eine neue originelle Konzeption, die sich im 19. und 20. Jh. als sehr fruchtbar erwies,[16] obgleich sie von den Freudianern mißbraucht wurde. Grundbestand der zweiten Klasse sind die Tiere (animaux); ihre Tätigkeit ist im wesentlichen eine leidende, passive; Selbstbewußtsein besitzen sie nicht.

Die dritte und höchste der uns bekannten Monadenklassen bilden die Seelen der Menschen (*d*). Das sind Geister (esprits) – ist das aktive Bewußtsein, welches Gedächtnis, Fähigkeit zum Urteilen und klare Apperzeptionen besitzt, damit Lockes Begriffen von Reflexion und Selbstbewußtsein entspricht. Die Durchschnittselemente der dritten Klasse waren für Leibniz dasjenige Modell, nach dem er die Lehre von den Monaden überhaupt formuliert hatte.

Somit bilden die Monaden bei aller ihrer grenzenlosen qualitativen Mannigfaltigkeit eine allgemeine Aufeinanderfolge, ein System. Die Entwicklung der Monaden reicht aus dem Anorganischen bis zum Niveau der Tiere, und die Entwicklung der letzteren strebt zum Zustand des Geistes. Aber auch in der Ontogenese der höchsten, der geistigsten Monaden, d. h. der Menschen, wird dasselbe Bild beobachtet: Ihrem bewußten Leben, das auf die Entwicklung des wissenschaftlichen und philosophischen Denkens orientiert ist, gehen recht primitive Zustände sowohl in der Kindheit als auch in den Anfangsstadien der Erkenntnis

[16] Vgl. die Schwellenempfindungen, die von Fechner entdeckt wurden.

eines beliebigen Objekts voraus, da es mit passiver Empfindung beginnt. In der Monade höheren Ranges sind stets niedrigere Zustände vorhanden – nicht nur als Rudimente, sondern als Zustände, die für ihre Tätigkeit notwendig sind. Im Lichte dieser Leibnizschen Lehre erhält die Theorie des Aristoteles über die drei Stadien (Arten) der Seele – das pflanzliche, das tierische und das vernünftige, d. h. das denkende – einen neuen Sinn. Der rationale Gehalt dieser Theorie besteht darin, daß die höheren Funktionen des Organismus in der Tat nicht anders als auf der Grundlage der niedrigeren Funktionen verwirklicht werden können, d. h. die ersteren hängen von den letzteren ab.

Somit bedeutet die Entwicklung des Monadenkollektivs die Entwicklung jedes seiner Glieder; das Werden der Gattung (Phylogenese) und des Individuums (Ontogenese) entsprechen einander modellartig; sie besitzen gemeinsame Merkmale und eine annähernd gleiche Struktur. Leibniz skizzierte die Idee eines einheitlichen Programms für alle Monaden, das ihre gemeinsame Tätigkeit trotz des Fehlens einer wesentlichen Wechselwirkung zwischen ihnen harmonisieren sollte. Auch die Identität des Historischen mit dem Logischen wird von Leibniz konzipiert [*4*, S. 560–571], die später bei Hegel dann in mystischer Form die reale Tatsache ihrer Einheit und der Widerspiegelung des ersten im zweiten zum Ausdruck brachte.

Die Ähnlichkeit der Programme aller Monaden kommt auch in der Gemeinsamkeit der Entwicklungstendenzen ihres emotionalen Lebens zum Ausdruck. Die in ihnen sich vollziehenden gnoseologischen Prozesse sind innerlich mit den Wünschen (appetitiones, appetitus) verknüpft, die gleichsam ihre andere Seite darstellen. Entsprechend der Verstärkung der gnoseologischen Aktivität der Monaden wachsen auch ihre Wünsche, die ihrerseits zur Quelle des weiteren Fortschritts der Monaden, ihrer Orientierung auf den Übergang in immer höhere, d. h. vollkommenere Zustände werden. Die Monaden streben „leidenschaftlich" zu diesem Ziel; die Teleologie ist ihr gemeinsames Band, auch wenn das Telos von den Monaden in unterschiedlichem Maße realisiert wird und die Hierarchie bezüglich der Vollkommenheitsstufen ebenfalls vom Gesichtspunkt der Realisierungstufe des ihnen allein gemeinsamen Zieles gilt. Übrigens können wir die Rehabilitierung der Kategorie „Zweck" durch Leibniz, die von Spinoza so sehr mißhandelt worden war, nicht nur als „Sündenfall" des Idealisten Leibniz werten. Denn die tiefe Dialektik von Ursache und Zweck, die von ihm und danach von den Vertretern der klassischen deutschen Philosophie zu Beginn des 19. Jh. partiell erahnt worden war, wird – wie heute die Informationstheorie und die Kybernetik zeigen – in der Tätigkeit der selbstorganisierenden homöostatischen Systeme realisiert, von denen der Mensch nur eines ist.

Worin gipfelt nun die teleologische Entwicklung der Monaden und wie „weit" ist sie von den Menschen „entfernt"? Welchen Ausgangspunkt hatte die Entwicklung in ihrer kosmischen Aufeinanderfolge und welches ist die ursprüngliche „Triebfeder" der Entwicklung jeder einzelnen Monade?

Die Frage nach dem Ausgangspunkt wird vom Gesichtspunkt der kontinuierlichen Reihe der „metaphysischen Differentiale" aus gelöst: wie wenig entwickelt auch immer eine Monade sein mag, immer kann im Prinzip eine andere noch weniger entwickelte Monade angegeben werden, so daß wir, wenn wir den „Anfang" der weltumspannenden Aufeinanderfolge mit „*dx*" bezeichnen, wiederum eine Variante der sogenannten transfiniten (unendlichen) Menge im Auge haben. Durch diese Konzeption wird auch die Annahme einer Klasse oder von Klassen von Monaden post humanum – nach dem Menschen (vgl. in der Abbildung 2: e) – verständlich.

Eine konkrete Antwort ist hier nicht möglich, da das gnoseologische Prinzip herrscht: „höhere Monaden sind für niedrigere unerreichbar"; aber der allgemeine Charakter der Antwort wird deutlich skizziert – solche Klassen kann es geben, da es weder für die Wünsche der Menschen-Monaden, d. h. für ihr Streben nach weiterer Vervollkommnung, noch für den allgemeinen Fortschritt ihres ganzen Kollektivs ein Ende gibt. Leibniz vertritt die Ansicht, daß es im Weltall lebende Wesen gibt, die vollkommener als die Menschen sind, sowohl in geistiger als auch in körperlicher Hinsicht [vgl. *4*, S. 352]. Entsprechend seiner festen Überzeugung, daß alle Monaden eine einheitliche natürliche Reihe bilden und daß *es keine Seele ohne Körper wie auch keinen Körper ohne Seele gibt*, können solche Wesen nicht den körperlosen Cherubim und Seraphim der christlichen Mythologie verwandt sein. Sie sind eher gewissen idealisierten „Marsianern" oder aber Vertretern „würdigerer Klassen vernünftiger Wesen" ähnlich, die laut Vermutung des „vorkritischen" Kant den Jupiter oder den Saturn bewohnen.

Jedoch den höchsten Punkt in der Kette der fortschreitenden Monaden stellen nicht die Menschen und auch keine Wesen dar, die etwas vollkommener als die Menschen sind. Gibt es aber einen solchen Punkt überhaupt? Oder handelt es sich hier um ein regulatives, aber objektiv nicht existierendes Ziel des Strebens? Als – objektive oder aber regulative – Zweckursache würde sich dieser Endpunkt gleichzeitig auch als letzte „Triebfeder" der Entwicklung jeder Monade erweisen, ihre Tätigkeit ordnen und mit der Tätigkeit aller übrigen Monaden abstimmen.

Zur Beantwortung dieser letzten Frage betrachten wir die weltumspannende Aufeinanderfolge der Monaden näher. Sie drückt nicht die Entwicklung des Monadensystems in dem Sinne aus, daß eine Umwandlung der einen Monaden in andere erfolgt; eine derartige Entwicklung lehnte Leibniz ab. Aber der Progreß jeder Monade in ihrer einheitlichen Reihe kann im Prinzip durch nichts, nirgendwo und zu keiner Zeit aufgehalten werden, wenn auch ihre Entwicklung oft Rückwärtsbewegungen macht, da durch das, was in der Welt der Erscheinungen Tod und in der Welt der Wesenheiten Involution der Monaden genannt wird, ihre vorübergehende Rückkehr auf eine tiefere Stufe des geistigen Lebens erfolgt. Es gibt außerdem keine Garantie dafür, daß nach jeder derartigen Rückkehr sofort der Aufstieg auf die früher erreichte geschweige denn auf eine höhere Stufe erfolgt.

Wenn man insgesamt die weltumspannende Aufeinanderfolge der Ereignisse:

„$dx \to \infty$“ (wobei die mathematischen Zeichen in anderer Bedeutung verwendet werden) als Schema der Geschichte der unendlichen Entwicklung der Monaden interpretiert, gilt sie für eine jede von ihnen. Das bedeutet, daß in gnoseologischer Hinsicht das Bewußtsein jeder Monade sowie auch ihres ganzen *Kollektivs* (der „Gesellschaft“) den unendlichen, niemals zu einem Abschluß kommenden Weg vom trüben Nichtwissen zur uferlosen absoluten Wahrheit geht; dementsprechend erhält das Kontinuum „$dx \to \infty$“ eine zweite, d. h. allgemeingnoseologische Interpretation.

Keinen Abschluß gibt es auf dieser Entwicklungslinie des Weltkontinuums auch in dem Fall, wenn man sie als Aufeinanderfolge aller Monaden interpretiert, die entsprechend ihrer im gegebenen Moment erreichten Entwicklungsstufe angeordnet sind. Denn jener Teil der Aufeinanderfolge, der hinter den menschlichen Seelen-Monaden liegt, ist unbegrenzt, stellt gleichsam einen gerichteten Strahl dar. Im grenzenlosen All ist nicht nur die Zahl der Wesen grenzenlos groß, die vollkommener als die Menschen sind, sondern unendlich groß ist auch die Zahl der verschiedenen Stufen der Vollkommenheit, die ihren verschiedenen Gruppen eigen ist. Aber Leibniz' Rationalismus verlangt, daß diese dritte Interpretation der weltumspannenden Aufeinanderfolge durch eine vierte ergänzt wird, die ein Schema des Nebeneinander verschiedener Etappen des allgemeinen Erkenntnisprozesses darstellt, welche in jedem beliebigen bestimmten Moment von verschiedenen Monaden erreicht wurden: stets finden sich Monaden, die Erkenntnis besitzen, welche jedem gegebenen „Punkt“ auf dieser Linie des Weltfortschritts des Wissens entspricht, und stets gibt es Monaden, die durch das ihnen eigene Wissen die anderen übertreffen und bedeutend weiter auf dem Weg zur Aneignung der absoluten Wahrheit „vorangekommen sind“.

Somit strebt die Folge „$dx \to \infty$“ in die Grenzenlosigkeit. Das Unbegrenzte hat keine endliche Grenze, aber es gibt eine unendliche „Grenze“, wenn man die Grenzenlosigkeit selbst als Grenze interpretiert! Diese „Grenze“ der Selbstentwicklung, der Vervollkommnung und der Selbsterkenntnis der Monaden tritt bei Leibniz unter dem Namen „Gott“ auf (vgl. Abbildung 2).

## Zwischen Religion und Gottlosigkeit

Die Antwort auf die Frage, was in Leibniz' System „Gott“ ist, fällt nicht leicht. Der Philosoph war von seiner sozialen Umwelt und den überkommenen Formen der religiösen Weltauffassung noch zu abhängig, um mit diesen Traditionen und Dogmen direkt und offen zu brechen, obgleich sein philosophisches System unvermeidlich zu einem solchen Bruch führen mußte. In seiner Lehre traten zwei Tendenzen hervor: die Interpretation „Gottes“ als der oberen Grenze des Fortschritts der Monaden [*4*, S. 602; *15*,2, S. 444] erlaubt es einerseits, ihn als „Grenze“ zu verstehen, die selbst nicht Monade ist und streng genommen nur die Richtung des Strebens aller Monaden darstellt, und andererseits als Grenze, die selbst

Monade ist, wenn auch die vollkommenste, unendlich entwickelte und die ganze Fülle des absoluten Wissens besitzende Monade. Die erste Interpretation kann zum Atheismus führen, und die zweite kommt der modernen Suche des 20. Jh., z. B. bei Teilhard de Chardin, nach dem „Punkt Omega" als Ziel der Entwicklung nahe, aber auch den offiziellen theistischen Vorstellungen über einen personalen Gott als Schöpfer und Allerhalter.

Diese Rahmen schaffen breite Möglichkeiten für die verschiedenartigen Interpretationen. Ein Jahrhundert später tauchte eine bis zum gewissen Grade analoge Doppeldeutigkeit in der Philosophie Fichtes auf; das überempirische „Ich", das sich unendlich über dem Bewußtsein (dem „Ich" der Menschen) erhebt, ist damit schon nicht mehr Bewußtsein, sondern nur unendliche geistige Aktivität; aber andererseits kann es auch als Überbewußtsein interpretiert werden, d. h. als Überpersönlichkeit, und als Bewußtsein menschlicher Art, das nicht auf Persönlichkeitseigenschaften der zur Gattung gehörenden Individuen reduzierbar ist.

Aber der Begriff des personalen Gottes widerspricht in jedem Fall dem Leibnizschen System. Man kann zu der Annahme gelangen, Gott als höchste Monade besitze das klarste Selbstbewußtsein, die diffizilste Anschauung, vollkommen fehlerloses Denken, unbegrenzte Vollständigkeit an Wissen und Kraft. Jedoch ergeben sich sofort Kollisionen zwischen den kirchlichen Dogmen und den Ideen der Leibnizschen Philosophie. Obgleich Leibniz dem zustimmen muß, daß Gott „gänzlich frei vom Körper" ist [*15*,2, S. 452; *8*, S. 111], d. h. daß Gott körperlos ist, gibt es aber, ebenfalls nach Leibniz, keine Monaden ohne körperliche Manifestationen [*4*, S. 14; *3*, S. 166]. Wenn man jedoch annimmt, daß die ganze materielle Welt eine Manifestation (Erscheinung) Gottes als sein Körper ist, kommen wir zum Pantheismus. Doch hier ergibt sich eine neue Schwierigkeit: Gott erweist sich in diesem Falle als Seele der ganzen körperlichen Welt, jedoch einen Begriff der Weltseele gibt es bei Leibniz nicht. Wenn man jedoch Gott ohne eine körperliche Manifestation begreift, da er selbst nur Grenze der Vervollkommnung alles Körperlichen, allerdings im Zustand der Vergeistigung, ist, kann in diesem Fall nicht von einer Existenz Gottes gesprochen werden, weil es keine tatsächlich vorhandene und entgegengesetzte absolute Grenze, keine ontologische „Null" gibt: Gott lebt nur in den körperlichen Wesen der natürlichen Welt; nirgends außerhalb von diesen oder über ihnen; Realität bildet nur die „unendliche Zahl von Stufen . . . zwischen Gott und dem Nichts" [*15*,2, S. 72f.].

Weiter: Gott muß grenzenlos sein, aber als Monade ist er gleichzeitig verpflichtet, „metaphysischer Punkt" zu sein. Gott ist nicht nur Zweck des Strebens aller Wesen, sondern nach der christlichen Religion auch ihr Schöpfer; jedoch im Sinne des Leibnizschen Rationalismus und der Behauptung der Phänomenalität der Zeit kann er nur „zureichender Grund" des Seins aller Monaden sein [*14*, (A) VI, S. 507; *15*,2, S. 444]. Diese Begründung hat nichts mit dem Postulat der Schöpfung zu einem bestimmten Zeitmoment zu tun, erst recht nichts mit einer Erschaffung „aus dem Nichts" (per deum ex nihilo), so daß „Gott" nur als Symbol der allgemeinen ontologischen „Begründung" der Welt aufgefaßt werden kann. Außerdem sind die Monaden in sich geschlossen, was auch einer Abhängigkeit von Gott (also von einer der Monaden, wenn auch der vollkommensten) und umso mehr ihrer Erschaffung durch Gott widerspricht.

Das Gesagte genügt bereits für die Schlußfolgerung, daß der Begriff „Gott" als Monade gerade dem Grundgedanken von Leibniz' Monadologie widerspricht: „Gott" ist eine Persönlichkeitsmonade, die sich im Grund außerhalb des ganzen Monadensystems befindet. Sie kann die Welt nicht von einem bestimmten Gesichtspunkt aus erkennen, wie das für die Monaden eigentümlich ist, sondern sofort von allen Gesichtspunkten aus gleichzeitig. K. Fischer bemerkt zu Recht, daß Leibniz „Gott zur schöpferischen Monade macht, d. h. *zu einer Monade, die so handelt, als ob sie keine wäre*" [*31*, S. 615]. Gott als Persönlichkeit erweist sich außerhalb der Monadenreihe, gleichsam als Monade der Monaden, sie ist damit eine Art Neuauflage der „Form aller Formen" des Aristoteles. Im letzteren Fall impliziert die Analogie einen neuen Widerspruch, und zwar nicht mehr zu Leibniz, sondern zum Christentum: die Monade der Monaden wie auch die Form der Formen ist etwas Unpersönliches und äußerst Abstraktes.

Ausgehend von politischen Erwägungen, suchte Leibniz alle christlichen Glaubensrichtungen miteinander zu versöhnen, aber sein eigener „Gott" hat mit dem der christlichen Dogmen wenig Gemeinsames. Der orthodoxe Eiferer N. Solowjew rügte deshalb in seinem Buch über die „Theodizee" Leibniz' den Philosophen dafür, daß sich in seinem System für Christus kein Platz finde [*57*, S. 79–80]. Die Lehre von der Erbsünde ist dem Leibnizschen Denken bereits vollkommen fremd [vgl. *15*,2, S. 177]. Von welcher Bürde durch die Erbsünde kann bei Leibniz denn auch die Rede sein, wenn er den Menschen eine glänzende irdische Zukunft und einen unendlichen Erkenntnisfortschritt vorzeichnet? In seinem System gibt es auch keinen Platz für göttliche Strafen und Belohnungen, für die Hölle und das Paradies, für eine Schöpfung menschlicher Seelen (nämlich als Schöpfungen in der Zeit, als Akt) und für ein Leben nach dem Tode. Außerdem haben nach Leibniz die Tiere ebenfalls eine Seele und dazu sogar eine unsterbliche, wobei ihre Unsterblichkeit, ebenso wie die der Seelen der Menschen, ihre ewige Existenz in unserer irdischen, sinnlich-körperlichen Welt bedeutet [vgl. 4, S. 88; *6*, S. 159; vgl. *14*, (A) VI, S. 451]. Man kann sich unschwer vorstellen, wie diese Leibnizschen Ansichten die orthodoxen protestantischen Gottesgelehrten und die Geistlichkeit Hannovers in Aufregung versetzten.

Leibniz' Vorstellungen vom irdischen Leben, das für die die Erde bildenden und sie besiedelnden Monaden das einzig mögliche ist, waren ein eigenartiger Kompromiß zwischen religiöser „Unsterblichkeit" und der von den Atheisten anerkannten Tatsache der Sterblichkeit jedes Lebewesens. Dieser Kompromiß führte das ganze Problem aus der für den religiösen Glauben annehmbaren Ebene heraus. Der Rhythmus der abwechselnden evolutio et involutio, der Entwicklung und des Einschlafens (der „Stillegung") der Monaden, ihrer Komprimierung zu „physischen Punkten", negiert den Tod [vgl. *15*,2, S. 427], ergibt aber auch keine persönliche Unsterblichkeit. Die neue Entwicklungsetappe, in der die Monade der früheren menschlichen Seele irgendein Infusorium (einzelliges Lebewesen) oder eine Amöbe wird, hat nichts gemein mit der Erhaltung der Seele in Form ihrer Übersiedelung in einen neuen Körper: es vollzieht sich eine qualitative Metamorphose [*15*,2, S. 428], und die „Seele" des Infusoriums hat ebenso wenig gemein mit der Seele des Menschen, wie ihre Körper ähnlich sind.

Natürlich können in den Arbeiten von Leibniz ohne Mühe Äußerungen im Geiste der christlichen Gottesfurcht gefunden werden [vgl. z.B. *15*,2, S. 444ff., 459ff. u. ö.]. In äußerst gottesfürchtigen Worten tadelt er in der „Zweiten Beilage" zur „Theodizee" Hobbes wegen seines Atheismus [*6*, S. 439ff.], und im Haupttext gerät er in Entsetzen darüber, daß die Negierung der Zweckursachen durch die Hobbeisten und Cartesianer zu einem analogen unzulässigen Ergebnis führt. Unerwartet und völlig inkonsequent korrigiert Leibniz seine Lehre von den Transformationen der Seelen und stimmt dem zu, daß Gott nach dem Tode des Menschen gleichsam seine Seele zu sich „nimmt" und ihr nicht gestattet, fest „einzuschlafen" – eine Inkonsequenz, die bei einem so tiefschürfenden und so logischen Philosophen seltsam wirkt.

Leibniz sieht sogar in den Gebeten der Gläubigen einen Sinn [*6*, S. 512]. Aber warum beten in diesem Falle nicht auch die Tiere? Denn auch ihre Seelen sind unsterblich, und Leibniz sagte sogar, daß empirisch denkende Menschen verstandesmäßig von den Tieren nicht weit entfernt sind – in drei Viertel ihrer Handlungen handeln alle Menschen wie gewöhnliche Tiere. Andererseits haben die Menschen keinen Grund, sich erniedrigt, schwach und demütig zu fühlen und auf Gottes Unterstützung zu rechnen: denn der Fortschritt der Aufklärung, der keine Grenzen kennt, führt dazu, daß die Menschen selbst „kleine Götter" sind [*4*, S. 457], umso mehr, da wir nichts sehen, was uns übertreffen würde [*4*, S. 597]. Und überhaupt ist jeder Geist „gleichsam eine kleine Gottheit" [*15*,2, S. 455].

Somit gibt es viele Punkte, in denen Leibniz vom Theismus seiner Zeit abweicht. Aber es ist nicht einfach, seine Position innerhalb der religiösen und halbreligiösen Konzeptionen zu bestimmen. Sein System enthält sowohl pantheistische als auch deistische Komponenten. Bereits die erwähnte Interpretation Gottes als der oberen Grenze des Fortschritts der Monaden spricht für eine pantheistische Interpretation der Leibnizschen Ansichten, obgleich hier auch ein atheistisches Motiv begegnet: als obere Grenze des Fortschritts der Dinge und ihrer Ordnung zur Vollkommenheit hin kann auch die Natur als ganzheitliche Einheit aller Dinge figurieren. Als Spinoza behauptete, daß für ein jedes gegebenes Ding „stets ein anderes mächtigeres vorhanden" sei [*58*, S. 192], betrachtete er als Grenze der Macht die grenzenlose Substanz, also die Natur, wobei sich in der Identifizierung Gottes mit der grenzenlosen Macht die spinozistische Tendenz mit der Leibnizschen berührt. Leibniz schreibt ähnlich wie Spinoza: „Die wahre Unendlichkeit ... besteht nur im Absoluten ... Das Absolute ist nichts anderes als die Attribute Gottes ..." [*4*, S. 144]. Aber bei Spinoza hatte sich der Begriff

„Natur" bereits von der Nabelschnur des Pantheismus abgetrennt, während der Gott Leibniz' erst in das pantheistische Stadium der Metamorphose trat.[17]

Leibniz' Gott – das ist nicht nur absolutes Wissen als Gesamtheit aller ewigen Wahrheiten in ihrer Einheit, Verallgemeinerung und intuitiven Erlangung [vgl. *15*,2, S. 446]; er ist nicht nur absolute Macht, sondern auch allgemeiner Zusammenhang, Prinzip und Vollständigkeit der Einheit aller Zusammenhänge der Wirklichkeit. Als absolute Wahrheit und maximale Vollkommenheit bleibt er für die Menschen etwas Potentielles: die Menschen erhalten durch Erkenntnis und Tätigkeit immer mehr Anteil am Absoluten, werden aber sein Niveau niemals erreichen. Aber als Prinzip der Einheit und des allgemeinen Naturzusammenhangs ist Gott stets in uns und um uns in der Vollständigkeit seiner Aktualität zugegen. In diesem Sinne versucht Leibniz, zwischen der „göttlich" aktualen Unendlichkeit der Natur im ganzen und der den einzelnen Fragmenten der Natur eigenen potentiellen Unendlichkeit zu unterscheiden. (Letztere charakterisiert seiner Ansicht nach die Anzahl der Monaden in irgendeinem einzelnen Körper: sie ist größer als jede fixierbare Zahl, aber kleiner als die Zahl der Monaden in der ganzen Welt).[18]

Der pantheistischen Linie folgen diejenigen Leibnizschen Ideen, die das Fehlen einer unüberschreitbaren Grenze zwischen Gott und den Menschen betonen. Auf der natürlichen Grundlage der integrierenden Wirkung unmerklicher „Appetitionen" und „Perzeptionen" erfolgt ein unentwegter Aufstieg der menschlichen Persönlichkeiten zur „göttlichen" Vollkommenheit. Die anorganischen und die pflanzlichen Körper, d. h. die „nackten" und die „schlafenden" Monaden, die Tiere, Menschen und Gott unterscheiden sich „voneinander nur durch verschiedene Modifikationen dieses [d. h. ein und desselben – *I. N.*] Seins" [*4*, S. 127], das durch die Linie der weltumspannenden Aufeinanderfolge der Monaden dargestellt wird.

[17] E. Cassirer sieht die größte Annäherung an den Pantheismus bei Leibniz in einer anderen Eigenart. In Leibniz' Erkenntnistheorie und in seiner Ethik gibt es ein Moment, das der spinozistischen „intellektuellen Liebe zu Gott" (amor Dei intellectualis) nahekommt. Der Erkenntnisprozeß ist nach Leibniz von dem Gefühl „der Erhöhung und Befreiung des Wesens" durchdrungen, von dem Gefühl der Freude, die dem Zustand der Liebe nahekommt. Diese Liebe wird nicht wie bei Spinoza durch das intuitive Bewußtwerden der Existenz der Natur begrenzt. Sie stellt vielmehr ein sich im Laufe der Geschichte der individuellen und der sozialen Erkenntnis allmählich entwickelndes wissenschaftliches Durchdenken der Wirklichkeit im System der Begriffe dar; „mehr als irgendwo anders nähert sich Leibniz in diesem Punkt pantheistischen Schlußfolgerungen: auch für ihn bedeutet ‚Liebe zu Gott' (amor Dei) eine Liebe, in der Gott sein eigentliches Selbst erfaßt und offenbart" [*36*, S. 438]. Cassirer wäre nur in dem Falle im Recht mit seiner Auffassung, wenn Spinoza im eigentlichen Sinne des Wortes Pantheist wäre – aber das trifft nach unserer Meinung nicht zu (vgl. dazu *I. S. Narskjs*: Über die Parteilichkeit des historisch-philosophischen Historismus. In: Voprossy filosofii 12/1968).

[18] Hier stieß Leibniz auf eine Schwierigkeit, die mit dem Begriff „Mächtigkeit" der unendlichen Menge lösbar ist.

Die Natur hat keine Entwicklungsgrenzen, in ihr ist alles, sogar das Erstaunlichste und Niedagewesene natürlich, „es gibt für sie nichts Übernatürliches" [*15*,2, S. 156]. Unterscheidet sich also bei Leibniz die Göttlichkeit Gottes viel von der Allmacht der Natur?

Zu einer pantheistischen Interpretation „Gottes" führt auch der Begriff „Strahlung" (fulguratio) als Beziehung der höchsten Monade zu allen übrigen Wesen und Dingen. Das stellt eine Mittellinie zwischen christlicher „Schöpfung" (creatio) und neuplatonistischem, d. h. religiös-pantheistischem „Ausströmen" (emanatio) [*15*,2, S. 446; vgl. S. 154] und noch mehr der „Enthüllung" (explicatio) dar, aber in Wirklichkeit handelt es sich um ein Abweichen vom orthodoxen Theismus zu noch stärkeren „ketzerischen" Variationen, da Leibniz' „Strahlung" der neuplatonistischen keineswegs ähnlich ist. Dem göttlichen „Licht" steht in Leibniz' System an der Peripherie der Welt keinerlei negatives „Dunkel" gegenüber: denn ein absolutes Dunkel existiert nicht, so wie es auch nichts „übernatürlich" Helles gibt: die einheitliche Natur umfaßt ihre beiden äußersten Pole, ihre maximalen Gegensätze. Umso mehr verliert die „Schöpfung" ihren Sinn, wenn es sich erweist, daß die Beziehung Gottes zur Welt eine rein logische ist und ein „Nichts" als Ursprungszustand der Welt negiert wird.

Das allgemeine Weltbild, das der Philosoph entwirft, ist dem Pantheismus ähnlich. Das optimistische Pathos des allgemeinen Lebens und der Vergeistigung durchdringt seine naturphilosophischen Konstruktionen: er vergleicht das Weltsystem und seine Subsysteme bald mit einem blühenden Garten, der voll frühlingshafter Lebensfreude ist, bald mit einem unaufhörlich summenden und wimmelnden Bienenschwarm, bald mit einem Teich, der von Fischen und allerlei anderem Leben durchwirbelt wird, bald mit einem Wassertropfen, in dem die ganze Mikrowelt intensiv lebt. [Vgl. *15*,2, S. 424, 451.]

Man kann die Leibnizsche Philosophie auch im Geiste des Deismus interpretieren. Das hat G. E. Lessing bereits erkannt, darauf verweist auch K. Fischer. Er sagt: „Leibniz' natürliche Theologie war, was sie ihrer ganzen Anlage nach sein mußte: Deismus." [*31*, S. 574.] Für diese Schlußfolgerung spricht die Beziehung des Denkers zum Problem der Wunder: in den natürlichen Prozessen ist für sie kein Platz [vgl. *15*,1, S. 139, 152, 207f.]. Den lebenden organischen Körper als göttliche Maschine oder aber als natürlichen Automaten zu bezeichnen – *ist daher ein und dasselbe* [*15*,2, S. 450]. Nachdem der Leibnizsche Gott den zureichenden Grund für das Sein der Monaden gelegt hat, mischt er sich nicht mehr in ihr Leben und in ihre Entwicklung ein: die prästabilierte Harmonie macht seine ganze weitere Einmischung unnötig. Als guter Monarch schwebt er über dem großartigen, harmonisch organisierten Reich der tieferstehenden Wesen [*4*, S. 457; vgl. *15*,2, S. 449]. Die Allmacht der Natur erweist sich als Frucht der göttlichen Weitsicht, die seine spätere Aktivität unnötig macht [*4*, S. 233]. Wenn seine Aktivität nicht zu Null wird, so nur, so weit sie für die Bewahrung der Dinge [*15*,2, S. 184; *15*,1, S. 348] und für das Bewußtsein der absoluten Wahrheit notwendig ist. Außerdem ist Gott der moralischen Notwendigkeit verpflichtet

[*4*, S. 200, vgl.*15*,2,S. 186]; er war den Imperativen der ethischen Zweckmäßigkeit und der Wahl der optimalen Variante bereits bei der Skizzierung und Realisierung des Plans der prästabilierten Harmonie unterworfen, der die Natur als eine „bestimmte" *Gewohnheit* Gottes begründete [*15*,2, S. 141].

Bestimmte unvermeidliche Schlußfolgerungen aus den Prinzipien des Leibnizschen Rationalismus beschränken die Funktionen Gottes noch mehr: es zeigt sich, daß er sogar nicht einmal mehr die Rolle spielen könnte, ohne die der Deismus jeden Sinn verliert, d. h. wenigstens Organisator der Welt und zureichender Grund ihrer Existenz zu sein, da das logisch Notwendige nicht von Gott geschaffen wird, sondern von der Logik selbst. Alles übrige folgt aus dem Notwendigen, so daß sich der deistische „erste Anstoß" als überflüssig erweist. Der Deismus schmilzt dahin und verschwindet in den Strahlen des Leibnizschen streng logischen Denkens.

Aber wenn zusammen mit dem Deismus auch Gott selbst zugrunde geht, dann erweist sich folglich von den vier genannten verschiedenen Positionen, die sich in Leibniz' System abzeichnen – Theismus, Pantheismus, Deismus und Atheismus – auch die letztere nicht als unbegründet. Eine eigentlich religiöse Lösung des Problems Welt und Gott wird im Rahmen seines Systems nicht gegeben. In jedem Fall zeigt sich in ihm ein tiefer Widerspruch. Das Abweichen von der protestantischen Orthodoxie ist unbestreitbar.

## Theodizee

Leibniz untersucht die Beweise für das Sein Gottes und macht Versuche, sie zu modernisieren. Aber auch in diese Versuche gerät eine unorthodoxe Linie hinein.

Die entsprechende Argumentation wird in der „Theodizee" und in der Skizze: „Causa Dei asserta per justitiam eius . . ." („Gründe für Gott, die durch seine Gerechtigkeit erwiesen sind"), 1710 [vgl. *14*, (A) VI, S. 437–460], untersucht. Leibniz gab der sich bereits bei Descartes abzeichnenden Tendenz zur Umwandlung des ontologischen Beweises in einen rein logischen deutlicheren Ausdruck. Übrigens hing das Interesse für Leibniz im vorrevolutionären Rußland in hohem Maße eben mit diesen Fragen zusammen.

Leibniz war der Schöpfer des Terminus „Theodizee", was soviel wie „Gottesrechtfertigung" bedeutet; er untersuchte mehrere Arten derselben, von denen vier die wichtigsten sind.

Die erste von ihnen ist der bekannte ontologische Beweis, dessen Struktur er logisch präzisierte. „Gott existiert" – das ist ein analytischer Satz, und für den Beweis seiner Wahrheit genügt es zu wissen, daß er nicht widersprüchlich ist, d. h., daß die in ihm ausgedrückte Behauptung möglich ist. Denn, wenn das notwendige Sein nicht möglich wäre, wäre auch keinerlei Existenz möglich, folglich ist das notwendige Sein möglich. Dementsprechend muß gemäß dem von Leibniz akzeptierten Schema der Modalitäten, das gerade im Falle eines Urteils über die

Existenz Gottes als vollkommenes Wesen das Zusammenfallen der Möglichkeit mit der Notwendigkeit postuliert, diese Behauptung als notwendig, unbedingt wahr qualifiziert werden. Obwohl Leibniz der Ansicht ist, daß Gott keiner realen Ursache seiner Existenz bedarf, da diese Ursache sein eigenes Wesen ist (causa sui), nimmt er somit dennoch an, daß die logische Begründung der Existenz Gottes notwendig ist. Jedoch ist dieses Postulat unbegründet. Es nimmt den ontologischen Beweis vorweg, den es überdies im Grunde bereits einschließt, und wird von Leibniz ohne jeden Beweis akzeptiert, so daß ein Circulus vitiosus unvermeidlich entsteht.

Es gibt noch ein schwaches Glied in Leibniz' Überlegung. Er betrachtet „Existenz" als ein besonderen Inhalt besitzendes Prädikat, das sich, entsprechend der scholastischen Tradition, im Prädikat „Vollkommenheit" auflöst, d. h. eine einfache, positive, absolute und nichtbegrenzte Eigenschaft darstellt, die gepriesen wird, weil die Scholastiker sie offen oder nicht offen mit dem Leben und dem Erkenntnisfortschritt identifizieren. Aber in Wirklichkeit ist bei weitem nicht jede „Existenz" ein Inhalt besitzendes, d. h. echtes Prädikat. Wenn die Existenz objektiv gegeben ist, nicht vom Willen und Bewußtsein des Subjekts abhängt und tatsächlich ein Prädikat ist, so ist „Existenz überhaupt", die ohne Mühe durch logische Tautologien begründet wird, in diesem Sinne auch kein Prädikat. Aus Leibniz' Überlegungen zur Existenz folgt nur, daß Gott als Denkgegenstand unserer Überlegungen „existiert", und nicht mehr. [*62*, S. 182]

Kant verweist völlig zu Recht auf die Unhaltbarkeit des ontologischen Beweises für das Sein Gottes, weil er – völlig im Geiste des Rationalismus – die gedachte Existenz mit der realen Existenz verwechselt und verschmilzt. So „müssen wir doch aus ihm herausgehen (aus dem Begriff – *I. N.*), um diesem die Existenz zu erteilen" [*53*, S. 657].[19]

Charakteristisch ist, daß bereits Spinoza den ontologischen Beweis für antireligiöse Zwecke verwendete, und zwar zum Beweis der Existenz der materiellen Substanz. Hieraus ist ersichtlich, daß die Verwendung des ontologischen Beweises durch Leibniz, hat man nicht seine allgemeine Unhaltbarkeit im Auge, durchaus nicht eine Anhänglichkeit gegenüber dem orthodox-christlichen Gesichtspunkt bedeutet, da er sowohl auf die Begriffe des deistischen als auch des pantheistischen Gottes anwendbar ist, und schließlich auch auf den atheistischen

[19] Kant stellte als logischen Grund seiner Kritik am ontologischen Beweis die These auf, daß „existieren (sein)" überhaupt kein Inhalt besitzendes Prädikat ist. Aber darin irrte er, wie auch Leibniz irrte, der umgekehrt „Existenz" in *allen* Fällen als real Inhalt besitzendes, wenn auch besonderes Prädikat betrachtete. Interessant ist, daß sowohl Kant als auch Leibniz in konkreten Fällen entgegen ihren vereinfachten Thesen urteilen: Kant ist, wenn er das „Hinausgehen über den Begriff" fordert, im Grunde der Ansicht, daß nicht die rein begriffliche, sondern die reale Existenz das Inhalt besitzende Prädikat ist, und darin hat er recht. Leibniz unterschied für alle Dinge — Gott ausgenommen — Existenz in der logischen Möglichkeit und tatsächliche Existenz in der Wirklichkeit und hatte damit ebenfalls recht, obgleich er Gott die Identität von logischer und realer Existenz zuschrieb.

„Gott" als Grenze der Vollständigkeit des natürlichen Seins und des absoluten Wissens über die Natur.

Der zweite Beweis ist der kosmologische, der seinerzeit von Thomas von Aquino verwendet worden ist. In der empirischen Welt ist alles Geschehen „zufällig", aber die Erstursache aller Ereignisse muß notwendig sein, folglich existiert „Gott". Aber auch in diesem Falle schimmert durch den theologischen Inhalt der Analyse ein anderer, ein spinozistischer. Descartes' Variante der Überlegung lautete: ich bin ein unvollkommenes Wesen, folglich muß eine vollkommene Ursache meines Seins existieren. Die spinozistische Variante verweist auf die natürliche Substanz als notwendiges Fundament für modale Tatsachen. Sie bestimmen kann man nur, und darauf verweist gerade Leibniz, wenn man berücksichtigt, welches Interpretationsverfahren des Begriffes „Gott" in seinem System enthalten ist und wie seine Formel: *„Gott ist der letzte Grund der Dinge"* [9, S. 29], zu verstehen ist. Leibniz selbst sieht, daß der zweite Beweis auf den ersten zurückgeht, d. h., er überträgt auf ihn die Doppeldeutigkeit des ontologischen Beweises. Die Reduzierung erfolgt so: entsprechend dem Rationalismus erweisen sich die Ursachen als logische Gründe; der Verweis auf die logischen Gründe der Existenz der realen Welt ist seiner Struktur nach gleichbedeutend mit dem Hinweis auf die logischen Gründe für die Existenz des realen „Gottes". Es erfolgt hier noch der Hinweis, daß jeder Grund für sich selbst Gründe fordert (sogar die Möglichkeit muß ihre Ursache haben), so daß wir vor der Wahl zwischen dem regressus ad infinitum (unendlichen Regreß) und der Anerkennung dessen stehen, daß die Welt vorzüglich auch ohne jegliche Begründung existieren könnte.

Der dritte Beweis argumentiert von den ewigen Wahrheiten her; er tauchte in seiner ursprünglichen Form bei Augustinus auf: Wenn ewige und absolute Wahrheiten existieren, so lautete er, muß eine ewige und absolute Seele existieren, die sie als Sitz in sich enthält und ihr zureichender Grund ist. Dieser Beweis ist ebenso nichtssagend wie der vorausgehende, und B. Russell nennt ihn das „Skandalargument": denn vom Vorhandensein ewiger Wahrheiten kann man keinen definitiven Schluß über denjenigen ziehen, der diese Wahrheiten erkennt, erlebt, fixiert oder aufstellt. Wenn bei Platon die Anerkennung ewiger Wahrheiten die Existenz unsterblicher Seelen voraussetzt, die fähig sind, sie zu erfassen, so bilden sie bei Spinoza den Inhalt des „unendlichen Intellekts" und sagen streng genommen nur etwas über den Fakt der Existenz der absoluten Wahrheit aus, die in diesem oder jenem Maße von den Menschen erkannt wird, obwohl dieser Fakt selbst durch die Intuition absolut erkannt werden kann. Bei Leibniz drückt sich das in einer Beschreibung der Existenz „Gottes" aus, aber wiederum variiert die Bedeutung des Terminus „Gott" mit den angegebenen (deistischen, pantheistischen und atheistischen) Konsequenzen. Außerdem geht der dritte Gottesbeweis auf den zweiten zurück und folglich auch auf den ersten, da man ihn in dem Sinne interpretieren kann, daß er das Vorhandensein einer allgemeinen logischen Ursache für die Existenz einer bestimmten gnoseologischen Vielfalt verlangt.

Was den vierten Beweis betrifft, so scheint er äußerlich am originellsten zu sein. Das ist der Beweis einer Harmonie in der Welt, die nur von Gott prästabiliert sein kann. Eine andere Variante lautet: Gott ist die Ursache der höchsten moralischen Zweckmäßigkeit. Aber in Wirklichkeit haben wir eine Variante des alten physiko-theologischen (teleologischen) Beweises a posteriori vor uns, der bereits von Thomas von Aquino erörtert wurde. Dieser Beweis ist sehr schwach, und Russell qualifiziert ihn als den „schlechtesten", da in ihm der logische „Zirkel" offensichtlich ist: er geht von der scheinbaren Tatsache der prästabilierten Harmonie aus, die allerdings erst noch irgendwie zu beweisen wäre. Außerdem führt der Verweis zu einer Aporie (wie bereits Voltaire und später Russell gezeigt haben); zu dem peinlichen Begriff von Gott als dem Erbauer der Welt, der alles Böse in ihr unter dem Aspekt des Wohls sanktioniert. Übrigens ergibt sich die Schwäche des vierten Beweises auch daraus, daß er auf den zweiten reduzierbar ist und folglich wiederum auf den ersten, dessen Falschheit wir bereits kennen: denn hier wurde ein bestimmter logischer und gleichzeitig äußerlicher Grund für die angeblich reale Tatsache der weltimmanenten Harmonie postuliert [*15*,2, S. 269]. Es erweist sich fernerhin, daß der vierte Beweis wie auch die drei vorausgehenden durch Inversion als logische Begründung des Atheismus verwendet werden können, wie sich das auch bei dem Materialisten Spinoza zeigte. Der Rationalismus spielt auch hier seine Doppelrolle: Die eigentlich logische Struktur aller realen Zusammenhänge der Welt benötigt keinen Gott über sich und kann in sich Grund für die reale Harmonie werden.

In der Reduzierung der Beweise vom Sein Gottes auf den ersten von ihnen sah Leibniz ihre Stärke und Tadellosigkeit, da er von der Richtigkeit des Rationalismus ausging; aber darin lag, wie Kant zeigte, im Gegenteil ihre völlige Schwäche, da der Rationalismus des 17. Jh. falsch war. Was ergibt sich im Endeffekt? Alle vier Beweise beweisen im Ergebnis gar nichts, und nachdem sie sich als auf den ersten von ihnen reduzierbar erwiesen hatten, genügte bereits ein einziger kritischer Schlag von Kant, um diesen – den ontologischen – Beweis zu widerlegen. Leibniz bereitete jedoch dieses Gegenargument vor. Außerdem erwiesen sich schon bei Leibniz, der die substantielle Kluft zwischen Gott und der Welt und folglich auch die „göttliche Offenbarung" als Quelle des Wissens und als Beweis für das göttliche Sein negierte, alle diese Beweise als doppeldeutig und führten nicht zur Festigung des Glaubens, sondern vermehrten die Zweifel an ihm.

## Die prästabilierte Harmonie

Was Gott auch noch immer im Leibnizschen System gewesen sein mochte, seine Hauptrolle bestand in der Vereinigung und Harmonisierung der Monadenaktivität. Die spiritualistische Interpretation der Substanzen machte die Anerkennung ihrer Wechselwirkung unmöglich: Seelen üben, streng genommen, an und für sich keine Wechselwirkung aus, verschmelzen nicht und gehen nicht ineinander über, obgleich das alles mit *Gedanken* erfolgen kann. Leibniz sah die Ursache der sichtbaren Wechselwirkungen in der Synchronie des ursprünglichen Zustands ihres Wesens. Diese Synchronie konnte nur ein deistischer „Gott" verwirklichen. Wenn jedoch die Tatsache der ursprünglichen wechselseitigen Geordnetheit der Monaden, durch welche alle ihre nachfolgenden Schicksale programmiert worden sind, als göttliche Vorsehung bezeichnet wird, so erweist sich in diesem Fall „Gott" nur als Synonym dieser ursprünglichen Geordnetheit. Aber bei beiden Varianten der Interpretation ist die prästabilierte Harmonie (harmonia praestabilitata) der Monaden für Leibniz eine unbestreitbare Tatsache; ja, alle Dinge und Erscheinungen sind wechselseitig verknüpft, aber das, was wechselseitiger Zusammenhang der Dinge genannt wird, ist in Wirklichkeit eine *gegenseitige Abgestimmtheit* der Monaden [vgl. *4*, S. 11], und diese gegenseitige Abgestimmtheit ist eine gedankliche Verknüpfung. Diese Ideen entstanden bei Leibniz zu Beginn der 80erJahre und wurden von ihm im Briefwechsel mit Arnauld lebhaft diskutiert.

Die ursprüngliche Struktur der Entfaltung der Monaden [*15*,2, S. 68, 425f.] wurde von dem Philosophen in drei unterschiedlichen, aber wechselseitig verbundenen Bedeutungen betrachtet: (1) der vergangene Zustand jeder Monade bestimmt ihren zukünftigen Zustand, d. h. die folgenden Seiten der Biographie der Monade sind durch ihre allerersten im voraus entschieden; (2) die Zustände aller Monaden sind in ein und demselben Zeitmoment miteinander harmonisiert, was die Welt in der Ebene der Erscheinungen rätselhaft macht, diese Rätsel aber in der Ebene der Wesenheiten erklärt; (3) der geistige Gehalt jeder Monade und ihrer Systeme ist jetzt, in der Vergangenheit und in der Zukunft mit ihrer körperlichen Erscheinungsform harmonisiert.

Die prästabilierte Harmonie entthront nach Vorstellung des Philosophen nicht so sehr die Vorstellungen der Wissenschaftler über die Zusammenhänge zwischen allen Dingen und über die kausalen Wechselwirkungen der Dinge untereinander, sondern rechtfertigt und verdeutlicht sie vielmehr. Daher erklärt er in vollem Bewußtsein der Wahrheit seiner Behauptungen, daß „jede Veränderung alle Substanzen berührt" [*15*,2, S. 156] und „alles Existierende wechselseitig verknüpft ist" [*15*,2, S. 128]. Die Harmonisierung der Monaden ist die *Ursache* dieser Situation, sie zwingt sie, sich gegenseitig anzupassen und einander zu beschränken [vgl. *15*,2, S. 273f.]. Im Ergebnis „. . . befindet sich alles in Zusammenhang in jeder der möglichen Welten; das Weltall, wie es auch immer beschaffen sein mag, ist in seiner Gesamtheit gleichsam ein Ozean; die kleinste Bewegung erstreckt ihre Wirkung auf die größte Entfernung, wenn auch diese Wirkung mit zunehmender Entfernung weniger spürbar wird" [*6*, S. 104].

Das pantheistische und naturalistische Pathos des Begriffs „prästabilierte Harmonie" ist nicht zufällig. Eben diese Färbung fand er bei Nikolaus von Kues und nach ihm bei Giordano Bruno, bei Autoren, die von unserem Philosophen hoch geschätzt wurden. Dieser Begriff löste auf seine Weise das Problem des Descartesschen Dualismus und verwandelte den Pluralismus der Monaden wieder in eine Variante des Monismus, wobei er die okkasionalistischen Phantasien zu vermeiden erlaubte. Aber in der „prästabilierten Harmonie" gab es Raum für eigene Phantasien: Bekannt ist das Uhrengleichnis von Geulincx. Paraphrasiert man es, so hat Gott beim Aufziehen der Uhren ihre Zeiger synchron gestellt und reguliert.

Die spinozistische Sackgasse in der Erklärung des Parallelismus der körperlichen und geistigen Veränderungen der Modi entsteht, wie Lessing bemerkte, in Leibniz' Konstruktion erneut: entweder hat Gott als „oberster Uhrmacher" oder, besser gesagt, als „Hauptszenarist und -regisseur der Welt" (ein Ausdruck von Prof. O. W. Trachtenberg) in alle Monaden absolute Programme eingegeben, so daß wir alle Roboter wären, die diese Programme schicksalhaft erfüllen, oder die „prästabilierte Harmonie" ist nur eine besondere Bezeichnung für die natürliche Ordnung der Dinge, die nichts durch einen Anstoß erklärt, dafür aber religiöse Assoziationen hineinbringt. Manchmal spürt man bei Leibniz Motive, in denen die „Prästabilität" nicht mit Gott, sondern eben mit der Position der Monaden selbst verknüpft ist. Sie streben prinzipiell danach, so zu handeln, daß ihre gegenseitige Harmonie nicht gestört wird: „alle Körper im Weltall empfinden sozusagen miteinander . . ." [*15*,2, S. 182], „fördern sich gegenseitig" [*15*,2, S. 185], sind auf keinerlei Weise an einer Dissonanz interessiert.

Leibniz maß der „prästabilierten Harmonie" eine gewaltige Bedeutung bei, und sie ist eines der Prinzipien seiner Methode. Er schreibt, daß er viele Fragen aposteriorisch, auf Grund dieses Prinzips gelöst habe [*4*, S. 531], das apriorisch postuliert wird, und verbindet es mit der Tatsache und dem Prinzip der „Vereinbarkeit" (compatibilité) der Dinge und Prozesse [*4*, S. 463] sowie mit dem Prinzip der Abstufung und der Kontinuität. Die „prästabilierte Harmonie" wirkt sowohl in der geistigen als auch in der physischen Welt, sowohl in den Dingen als auch in den Beziehungen zwischen ihnen, sowohl in der Entwicklung der Objekte als auch in ihrer Erkenntnis durch die Subjekte. Gnoseologisch folgt aus der „prästabilierten Harmonie" nicht nur der allgemeine Schluß über die Erkennbarkeit der Welt, sondern auch die stärkere Behauptung, daß die gnoseologische Tätigkeit aller Monaden und die von ihnen erreichten Ergebnisse ein einheitliches harmonisches System bilden. In naturwissenschaftlicher Hinsicht folgt aus diesem Prinzip nach Leibniz das Gesetz von der Erhaltung der Kraft [vgl. *36*, S. 529].

Vom Gesichtspunkt der „prästabilierten Harmonie" aus betrachtete Leibniz auch soziale Erscheinungen: Er erträumte eine politische Harmonie auf den verschiedensten Ebenen – zwischen dem kaiserlichen, alle deutschen Territorien umfassenden monarchistischen Prinzip und dem fürstlichen Partikularismus (vgl. „Caesarinus Fuerstenerius"), zwischen den staatlichen und den sich in der Opposition befindenden kirchlichen Einrichtungen und schließlich zwischen den verschiedenen europäischen Staaten. Dabei wünschte er eine strenge Subordination, nach dem Vorbild der lebenden Organismen, wo die Seele den Körper dirigiert, auch für die Staaten, wo der Fürst die Untertanen lenkt [vgl. *15*,2, S. 184].

Es ist nicht schwer, die „prästabilierte Harmonie" der Metaphysik zu beschuldigen, da sie die allgemeine gegenseitige Anpassung der Dinge ohne irgendwelche Widersprüche behauptet. Das Motiv der Ähnlichkeiten und der Liebe ersetzt gleichsam das Prinzip der Unähnlichkeiten, der Unterschiede und der Gegensätze: „Alles atmet gegenseitige Eintracht" [*4*, S. 11; *15*,2, S. 450]. Die Anerkennung der großen weltimmanenten Harmonie verwandelt sich in den Gedanken des alles ausgleichenden vernünftigen Aufbaus der Welt, in der jedes Teilchen für etwas Bestimmtes vorgesehen ist, nichts vergessen und alles bis ins Kleinste durchdacht ist. „In der Natur gibt es nichts Nutzloses, und alles Verwickelte muß sich entfalten." [*4*, S. 120.]

Die sich aus der prästabilierten Harmonie ergebende „Wohlordnung" der Welt konnte leicht sehr flach und vulgär im Sinne einer rein äußerlichen Zwecksetzung interpretiert werden, wie es auch später bei Chr. Wolff in seinen „Vernünftigen Gedanken über die Wirkungen der Natur" (1723–1725) geschah. Leibniz selbst deutete die „prästabilierte Harmonie" weitaus tiefgehender, indem er dabei im Grunde von dem gewaltigen Tatsachenmaterial ausging, das von der Physik, der Astronomie und von anderen Wissenschaften des 17. Jh. gesammelt worden war und das für einen allgemeinen wechselseitigen Zusammenhang und eine natürliche Ordnung sprach. Aber der Weg zur vereinfachten Behandlung der zweckmäßigen Wechselbeziehungen wurde von Leibniz keineswegs verdeckt, sondern manchmal stieß er direkt darauf, besonders als er über die Harmonie zwischen den Organen des tierischen Körpers, zwischen den verschiedenen organischen Arten, die die einzelnen Gebiete der Erde besiedeln, usw. schrieb. Insbesondere tauchte diese Tendenz, in der die allgemeinen Wertungen den „höheren Zwecken" angepaßt sind, in der Ethik auf.

Insgesamt entfernte sich die „prästabilierte Harmonie" dennoch nicht sehr weit von den Aussagen über den weisen göttlichen Willen. Aber sie tendiert nicht nur zum Theismus. Als Leibniz dieses Prinzip in sein System einführte, vollzog er einen Kompromiß zwischen der Doktrin des kontinuierlichen Providentialismus einerseits und den Motiven des Deismus und Pantheismus andererseits. Dabei wurden für das Christentum so wichtige Thesen zu Fall gebracht wie die Realität der Wunder und die Vorsehung Gottes (providentia Dei) als des obersten Aufsehers und Richters, der für die Menschen sorgt, ihre Bitten und Gebete erhört, sie belohnt und bestraft.

Die „prästabilierte Harmonie" brachte auch einen Kompromiß anderer Art mit sich – zwischen den Begriffen Wirkursache und Zweckursache. Ihre aristotelisch-scholastische Gegenüberstellung wurde jetzt fast durch ihre Identifizierung ersetzt, da die physischen Ursachen nach Leibniz mit den geistigen Zwecksetzungen als ihren Wesenheiten harmonieren. Das bedeutete nicht nur die Spiritualisierung der Ursachen, sondern auch eine Naturalisierung der Zwecke, d. h. es warnte vor einer übereilten Vertreibung der Teleologie aus der Naturwissenschaft.

Die Wissenschaftsgeschichte hat gezeigt, daß Leibniz nicht gänzlich unrecht hatte: natürlich, alle Wissenschaften strebten bis in unsere Tage mit mehr oder weniger Erfolg danach, die anthropomorphischen „Zwecke" durch streng objektiv bestimmte „Ursachen" zu ersetzen; aber mit den Untersuchungen der Kybernetik hat sich die Situation etwas geändert: nicht nur die Erscheinungen der Vermehrung und Vererbung, sondern auch der zyklische Charakter der Lebenshomöostase, die antizipierende Widerspiegelung, die Mechanismen der Informationsspeicherung und ähnliche Fakten haben die Kategorie „Zweck", die nunmehr von jeder idealistischen Mystik befreit ist, wieder in ihre Rechte eingesetzt. Daß jede zweckmäßige und zwecksetzende Tätigkeit letzten Endes *kausal* entsteht, darf dabei nicht außer acht gelassen werden.

Kehren wir zur Korrelation des ontologischen und gnoseologischen Aspekts der „prästabilierten Harmonie" zurück. Da sich die Monaden untereinander nicht nur durch ihre Entwicklungsstufe und in der Klarheit der inneren Vorstellungen unterscheiden, sondern auch durch ihre Qualität, d. h. durch den individuellen „Gesichtspunkt", beobachten sie gleichsam die Welt jede von ihrer Seite her und aus ihrer persönlichen Perspektive [*15*,2 S. 144; *15*,1, S. 201]. Darin sind sie den Menschen ähnlich, die nicht fähig sind, Ereignisse absolut gleichartig zu beschreiben und zu bewerten, selbst wenn sie Augenzeugen waren und ehrlich bemüht sind, völlig objektiv zu sein. Aber andererseits beobachten und stellen die Menschen nach Leibniz, da sie Monaden sind, nicht die äußere Welt dar, sondern nur sich selbst, ihren inneren Gehalt.

Die Einheit der Monadeninhalte wird nicht nur mit der Spezifik dieser Inhalte, sondern auch mit der Zielstrebigkeit ihres Bewußtseins (ihrer Erkenntnis) für sie selbst harmonisiert. Das geschieht über die prästabilierte Harmonie der Repräsentation (repraesentatio mundi), die in folgendem besteht: Jede Monade entwickelt im Laufe der unendlichen Geschichte ihrer Existenz in sich nur den ihr von Anfang an eigenen Inhalt, was u. a. auch die Orientierung des Philosophen auf die transformistische Interpretation der organischen Evolution erklärt, die später zu einem bedingungslos reaktionären Anti-Evolutionismus entartete, jedoch im 17. Jh. nicht ganz ohne progressive Momente war.

Somit gibt es in der Monade nichts Neues, was nicht schon in ihrem Schoß angelegt wäre. Die Monade „betrachtet" nur sich selbst, „betrachtet sich" in sich wie in einem Spiegel und sieht nur sich selbst. Ihre Vorstellungen stellen sie selbst dar. Aber damit sieht die Monade kraft der „prästabilierten Harmonie" auch die ganze Welt, da ihre Vorstellungen das ganze unendliche Weltall repräsentieren. Das bedeutet, daß die Monade die ganze Welt ausdrückt, d. h. sich in regelmäßiger und stabiler gnoseologischer Beziehung zu ihr befindet. In dem Brief an A. Arnauld vom 9. Oktober 1687 [*16*, S. 101] mißt Leibniz diesem Umstand eine sehr große Bedeutung bei. Jede Monade ist „ein lebendiger Spiegel (miroir vivant) des Weltalls" [*15*,1, S. 199; *15*,2, S. 448], eine Art „komprimiertes Weltall (l'univers concentrée)" [*15*,1, S. 199]. Damit ist in der begrenzten Individualität die unendliche Allgemeinheit angelegt und somit dargestellt. Diese Idee, die Leibniz in Fortführung von Gedanken des Nikolaus von Kues entwickelte, wurde von Lenin hoch gewertet: „Hier haben wir eine Dialektik eigener Art, und eine sehr tiefe . . ." [2,38, S. 69].

Eine der spezifischen Seiten der „prästabilierten Harmonie" besteht in der Übereinstimmung von Wesen und Erscheinungen der Monade auf jeder ihrer Entwicklungsetappen. In dem Brief an Remond vom 11. Februar 1715 [*15*,2, S. 474–477] bewies Leibniz, daß die Substanzen sich als materielle Bildungen offenbaren, so daß jede Monade eine Seele ist, die als Körper in Erscheinung tritt: demnach bildet die gesamte Welt der Körper die Welt der Erscheinungen der Monaden. Der Philosoph bestimmt den Körper als Ausdehnung besitzende physische Aktivität.

Somit kann man das von Leibniz vorgelegte Weltbild in Form des in der Abbildung 3 gegebenen Schemas ausdrücken.

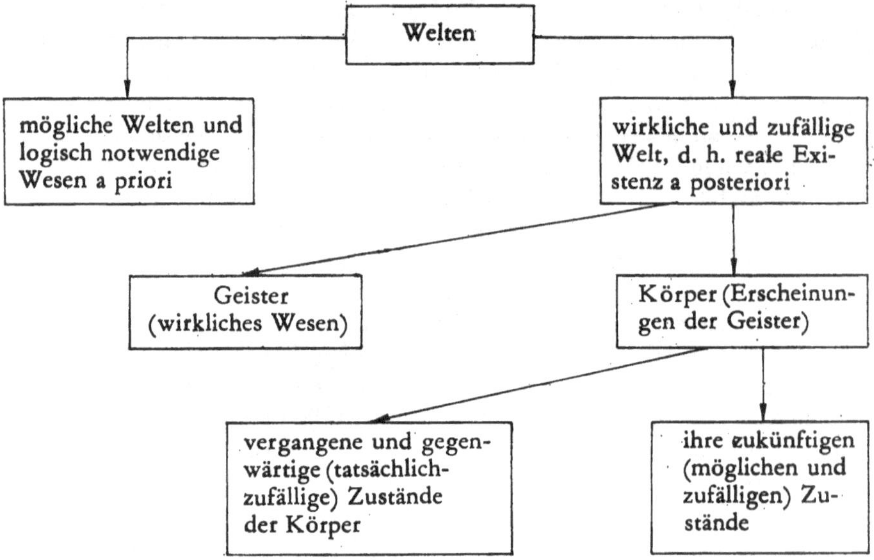


Abb. 3

Die logischen (gedachten) Wesen der möglichen Welten erlangen in unserer wirklichen Welt den Status der Geister (der Seelen), und die Erscheinungen aller möglichen Welten haben in der wirklichen Welt ein Analogon in Form der körperlichen Manifestation der Seelen. Die materielle Welt ist nach Leibniz nicht weniger real als ihr geistiges, ideales Wesen, das seinerseits ebenso real ist wie die geistig (logisch) existierenden möglichen anderen Welten; ihre Realität ist jedoch eine andere. Wie aus den Leibnizschen Äußerungen gegen Berkeley zu ersehen ist, unterschied Leibniz zwischen sinnlichen Illusionen, realen Wahrnehmungen und nicht wahrnehmbaren Objekten und erklärte, daß nicht alles Wahrnehmbare real ist und nicht alles real Existierende wahrgenommen wird. Existieren bedeutet folglich nicht, wahrnehmbar zu sein [*8*, S. 11]. Die reale Existenz wurzelt in der konkreten Möglichkeit im Unterschied zur allgemeinen Möglichkeit, d. h. zu dem Grund, auf dem die möglichen Welten existieren. Aber alle diese Möglichkeiten sind nach Leibniz in der Endkonsequenz logischen Charakters.

Somit sind Monaden nicht reine Geister, sondern Geister, die als Körper erscheinen. Monaden sind nicht nur „metaphysische Punkte", sondern sie manifestieren sich als mechanische „Punkte" (Atome), dynamische Punkte (Konzentrationszentren physischer Kräfte), chemische Punkte (Mittelpunkt der Fähigkeit zum Reagieren), organische Punkte (Embryonen) usw. Die Idee der unerschöpflichen Vielschichtigkeit der geistigen Substanz und der ständigen Umwandlung ihrer geistigen Potenzen in die materielle Wirklichkeit der Natur wurde später von Schelling fortgesetzt, der behauptete, daß Natur sichtbarer Geist sei, und Geist – nicht sichtbare Natur.

## Vom Wesen zu den Erscheinungen

Wie sich die geistigen Wesen in der Welt manifestieren, ist ein zentrales Problem bei Leibniz. Seine Lösung würde eine organische Einheit von Wissenschaft und Philosophie ermöglichen. Auf dem Gebiet der wissenschaftlichen Erkenntnis selbst würde dieser Weg erlauben, Mathematik, Psychologie und Geschichte, d. h. drei Erkenntniskomponenten zu verbinden, die ihren Ideen, ihrer Sprache und ihrer Methode nach so unterschiedlich sind. Idealismus und Materialismus würden, so nimmt Leibniz an, ihren Platz im allumfassenden System der Weltanschauung erlangen und miteinander harmonieren. Die „prästabilierte Harmonie" könnte eine allseitige aposteriorische Bestätigung und Prüfung erfahren. Doch der Leibnizsche Idealismus vermochte diese Aufgaben nicht zu bewältigen wie auch immer der Philosoph sein Ziel zu erreichen trachtete. Die Aussichtslosigkeit dieses Unterfangens war trotz aller Einzelergebnisse, die der scharfsinnige Verstand des Aufklärers bei der Untersuchung naturwissenschaftlicher Begriffe erzielte, unvermeidlich.

Leibniz urteilt folgendermaßen. Die Monaden nehmen ständig äußere Prozesse über die inneren wahr, aber das bedeutet, daß das „Äußere", streng genommen, nur in bestimmtem, sekundärem Sinne existiert; mechanische Bewegung ist die Art des Zutagetretens innerer Vorstellungen, physische Elastizität ist Ausdruck innerer geistiger Selbständigkeit, und die sich aktualisierenden materiellen „passiven" und „aktiven" Kräfte manifestieren etwas von verborgenen Potenzen Abgeleitetes (vires derivativae) [*14*, (A) II, S. 262]. „Sekundäres" bedeutet hier aus dem Wesen „Abgeleitetes". Es wird eine Hierarchie der Erscheinungen konstruiert: die Kräfte der Undurchdringlichkeit [der Antitypie, vgl. *15,1*, S. 235] und der Trägheit bilden eine relativ passive Urmaterie (materia prima) [*3*, S. 152; *4*, S. 395f.], die danach in eine aktive „sekundäre" Materie (materia secunda) umgewandelt wird. Erwägungen über die zwei Arten der Materie finden wir z. B. in dem Brief an B. de Volder vom 20. Juni 1703 [*15,2*, S. 327].

Indem Leibniz Körperlichkeit aus der Ausdehnung besitzenden Undurchdringlichkeit ableitet, lehnt er somit gleichzeitig den cartesianischen substantiellen Primärcharakter des Raumes ab. Er betont mehrfach, daß Materie als Erscheinung keine Illusion ist, da das dem Prinzip der Vollkommenheit widersprechen würde. Materie ist eine wahre Erscheinung, die „wohlbegründet" ist (bene fundatum). Obgleich die Qualifizierung der Körper als Substanzen ein „Mißbrauch" wäre, schrieb Leibniz am 8. Dezember 1686 an A. Arnauld [*14*, (A) VII, S. 73ff.], sind das jedoch keine Trugbilder und keine Sinnestäuschungen [vgl. *14*, (A) VII, S. 606]. Sind aber etwa alle Erscheinungen gleichermaßen wahr?

Im Brief vom Juni 1686 an Arnauld und in anderen Schriften unterscheidet Leibniz zwischen drei Arten von Erscheinungen: realen, d. h. wohlbegründeten, nicht realen Konglomeraten und zu Irrtum führenden Illusionen. Zu den ersten gehören die körperlichen Manifestationen einzelner Monaden und ihrer ganzheitlichen Organisationen (organische Körper). Die zweiten – das sind chaotische, ungebundene und zuweilen instabile Vereinigungen von Monaden, wie die Herden der Tiere [*4*, S. 216; 15,1, S. 343], Holzhaufen [*19*, S. 468], die nur äußerlich wie ganzheitliche Dinge aussehen. Obgleich jedes beliebige Stück Marmor wie auch ein organischer Körper mit einem „See voller Fische" verglichen werden kann, da er ebenfalls aus lebenden Monaden besteht, ist das dennoch eine qualitativ niedrigere Geordnetheit, deren Elemente zwar real sind, die aber insgesamt nicht als völlig real bezeichnet werden können. Noch weniger geordnet ist ein Haufen Steine. „... Nämlich alles das, was nicht tatsächlich *ein* Ding ist, ist auch nicht in Wirklichkeit ein *Ding*." [*16*, S. 97] Erscheinungen der dritten Art gibt es in dem Fall, wenn hinter ihnen nicht einmal ein amorphes Aggregat steht. Trügerische Illusionen – das sind der Regenbogen [*15,2*, S. 206], die doppelte Sonne am Himmel, Träume [*19*, S. 468].

Leibniz grenzt die Erscheinungsarten auf Grund seines Systems der Modalitäten ab; die organische Einheit, zum Beispiel das Infusorium, ist notwendig, und „eine durch Anhäufung entstandene Einheit wie ein Haufen Steine" ist zufällig [*15,2*, S. 206]. In dem Brief an Arnauld vom April 1687 versuchte Leibniz die Grenze zwischen dem Notwendigen und dem Zufälligen in der Welt der Erscheinungen zu präzisieren. Es wäre falsch, Metallteile verschiedener Mechanismen, die vom Menschen zweckmäßig konstruiert wurden, und die menschliche Gesellschaft selbst zu den zufälligen Aggregaten zu zählen, aber sie stellen auch keine organischen Einheiten dar. Die streng aufgebaute theoretische Mechanik kann keineswegs als die zufällige Wissenschaft von den zufälligen Erscheinungen bezeichnet werden: denn „man muß die Natur mathematisch und mechanisch erklären ..." [*16*, S. 206]; jedoch die Objekte der Mechanik sind anorganische Konglomerate, und ihre räumlichen Verschiebungen wurden bei der Ausgangsklassifikation der Erscheinungen von Leibniz nicht zu den „wohlbegründeten" gerechnet.

Schwierigkeiten ergeben sich, wenn sich der Philosoph auf die sinnliche Erfahrung als Mittel zur Unterscheidung realer Erscheinungen von eingebildeten beruft [*15,2*, S. 123ff.] und gleichzeitig auf die Wechselwirkung von Empfindung und Denken als Quelle falscher gnoseologischer Wertungen verweist. Wie ist die elementarste, die sinnliche Information und die sinnliche Erkenntnis überhaupt zu werten? Einerseits müssen die geistigen Erscheinungen, da sie Folgen geistiger Ursachen sind, für den Spiritualisten ebenso real sein, wie auch ihre Ursachen, denn die Ergebnisse der Vorstellungen sind nicht weniger real als die Akte der vorstellenden Tätigkeit: Regenbogen und Gewitter sind ebenso wahre Erscheinungen wie die Dinge und Gegenstände, d. h. es kann keine sinnlichen Illusionen geben. Alle sinnlichen Wahrnehmungen der Monade sind ein Stadium innerhalb der Entfaltung ihrer wahren inneren Erfahrung, aus der alles übrige erwächst. Folglich müssen Lockes „Ideen der sekundären Qualitäten" als wahr betrachtet werden, da sie den Zustand der Dinge „genau ausdrücken" [*14* (A) I, S. 15ff.]. Darüber hinaus ergibt sich, daß dies das wesentlichste Stadium ist, da gerade die Sinnlichkeit am intimsten mit dem geistigen Wesen der Substanzen zusammenhängt; nicht ohne Grund ist sie bereits bei den halb schlafenden Monaden vorhanden, und die Welt der theoretischen Mechanik mit ihren fiktiven Wechselwirkungen ist folglich nicht nur weniger wichtig, sondern sogar illusorisch.

Aber andererseits hat jede Monade ihren eigenen individuellen und von anderen verschiedenen Blickwinkel des sinnlichen Erlebens der Welt. Man kann alle ihre Vorstellungen nur in dem Fall als gleichermaßen wahr betrachten – folglich als gleichermaßen real –, wenn sie durch das theoretische Denken, durch die Wissenschaft vereinigt werden. Aber in diesem Falle sind die Begriffe der Wissenschaft, z. B. der Mechanik, die den entwickelteren und zur deutlichen Erkenntnis befähigteren Monaden eigen sind, wahrer als die sinnlichen Erscheinungen, ungeachtet dessen, daß die Empfindungen für die Monaden unmittelbar und „innerlicher" sind. Folglich ist das Illusionäre gerade der sinnlichen Erkenntnis eigen, und Farben, Gerüche, Geschmack sind „Phantome" [*4*, S. 461].

Diese beiden Überlegungen untergraben durch ihre Widersprüchlichkeit die Realität der Materie als Erscheinung: wenn die Empfindungen am realsten sind, sind die materiellen Körper nicht mehr als ihre Komplexe im Geiste des frühen Berkeley; wenn jedoch die Begriffe und Urteile am realsten sind, erweist sich die Körperlichkeit nur als bedingter Begriff der Wissenschaft in dem Sinne, wie Berkeley in dem Traktat „Über die Bewegung" (1721) die Gravitation und die Trägheit erläuterte. So findet das Problem der „Ideen der sekundären Qualitäten" eine von zwei extremen und falschen Lösungen: entweder (im ersten Fall) sind diese Ideen und die Eigenschaften der Dinge der materiellen Welt ein und dasselbe, oder (im zweiten Fall) die Eigenschaften der Dinge haben mit ihnen nichts gemein.

In der Tat äußert Leibniz noch einen Gedanken, der der spontanen Anerkennung der Objektivität der materiellen Welt entspricht. „Die Ideen der sinnlichen Qualitäten sind undeutlich" [*4*, S. 448], aber auch Farben und Schmerzen haben eine „unvollständige Ähnlichkeit" [*4*, S. 109] mit den Eigenschaften der Objekte wie die Parabeln mit dem Kreis. Im Endergebnis bleibt die Antwort auf die Frage, wie real oder – umgekehrt – illusorisch Erscheinungen sind, unklar, und Leibniz gibt nur auf seine Weise die Schwankungen Lockes bei der Wertung der Ideen der „sekundären Qualitäten" wieder. Manchmal versucht er jedoch, dieses Problem überhaupt zu umgehen, und auch das Problem der Interpretation der „Wohlbegründetheit" bleibt ungelöst. Er ersetzt es durch die Frage nach der Erlangung einer praktischen Orientierung in den Erscheinungen und stellt als Kriterium des Realen auf dem Gebiet der Erscheinungen „die Übereinstimmung mit dem ganzen Lebenslauf (serie vitae)" auf, insbesondere, wenn die Möglichkeit besteht, „zukünftige Phänomene aus den vergangenen und gegenwärtigen mit Erfolg vorauszusagen . . ." [*15,2*, S. 125].

Widerspruchsfreiheit und gegenseitige Übereinstimmung, d. h. Vereinbarkeit (gemeinsame Möglichkeit) und Harmonie der Erscheinungen sowie ihre Voraussagbarkeit – das sind Kriterien, die für viele andere Idealisten, angefangen bei Berkeley, annehmbar sind, und an sie appellierend, verliert das Leibnizsche System viel von seinen Werten. Der Begriff „wohlbegründete Erscheinung" wird beinahe nicht faßbar. Das war der unvermeidliche Tribut an den Idealismus.

Eine ernste Schwierigkeit ergibt sich auch bei der Interpretation der Beziehung von Geistigem und Körperlichem innerhalb eines konkreten Wesens, insbesondere beim Menschen. Wenn die Monade für sich Seele und für andere Körper ist, so fragt sich, erstens, warum sie sich auch selbst als Körper wahrnimmt und zweitens, warum sie davon überzeugt ist, daß ihre Wahrnehmung anderer Körper unausweichlich das Existieren anderer Seelen (Monaden) bedeutet? Die erste Frage führt zur ursprünglichen Prästabilität des niedrigsten sinnlichen Erlebens, und die zweite – zu der jedem Idealismus drohenden Gefahr des Solipsismus. Hier zeichnet sich bereits jenes Problem ab, bei dessen Lösung Kant es vorzog, die Welt der „Dinge an sich" zu postulieren, die „sich von den Erscheinungen abgewendet hat".

Bei Leibniz wurde dieses Problem dadurch kompliziert, daß der körperliche Ausdruck geistiger Ereignisse sehr wenig bedeutet, wenn jede Monade in sich geschlossen ist. Aber der Löwenanteil des Inhalts unserer Erfahrung entsteht nicht durch Selbstbespiegelung, sondern besteht in der Abbildung der Mannigfaltigkeit der Welt. Ein ebensolches Fazit ergibt sich auch hinsichtlich der körperlichen Widerspiegelung alles Umgebenden durch die Monade; denn auch alle anderen Monaden haben auf gleicher Basis keine eigene besondere innere Erfahrung. Wenn man eine solche im „Blickwinkel" der Monade sucht, so ist zu bedenken, daß die Monaden nicht durch eine geometrische Ortsbestimmung, sondern nur durch die einzelnen Stufen der Bewußtseinsentwicklung von der eigentlichen Leere unterschieden werden können; Geometrie gehört nicht zum Wesen des Geistes. Die Monade erlebt nur die Tatsache ihres eigenen Seins.

Jede Monade ist nur von der eigenen Existenz überzeugt, und, wie K. Fischer bemerkt, keine einzige von ihnen kann Monadologe sein [*31*, S. 612]: die Interpretation ihrer körperlich-sinnlichen Vorstellungen durch sie ist unzulässig, da sie nicht aus dem folgt, was ihnen bekannt ist. So vertieft sich die Kluft zwischen der Welt des Wesens und der der Erscheinungen: „alles geschieht in den Seelen so, als gäbe es überhaupt keine Körper, und in den Körpern – als existierten überhaupt keine Seelen . . ." [*15*,*2*, S. 72]. Diese Folgerung war schon keine „Versöhnung" Platons mit Demokrit mehr, sondern ihre dualistische Aneinanderreihung. Nicht zufällig verweist Kant auf Leibniz, wenn er das Reich der Moral dem Reich der Natur gegenüberstellt [*53*, S. 824].

Andere Ideen führen nicht zu Kant, sondern zu Hegel: Leibniz will auf keine Weise auf den Begriff „wohlbegründet" verzichten und versucht beharrlich, körperliche Kausalität als äußere Hülle geistiger Teleologie zu interpretieren. Im Prinzip wurde eine derartige „Versöhnung" von Teleologie und Kausalität [vgl. *31*, S. 73] von Hegel verwendet. Aber Leibniz entwarf grundlegend ein völlig anderes Verhältnis zur empirischen Mannigfaltigkeit der körperlichen Welt: indem er die Individualisierung der Wesen verteidigt, setzt er den Akzent auch auf die Individualisierung der Erscheinungen. Das Einheitliche unterdrückt bei ihm im Gegensatz zu Hegel nicht das Viele. Hieraus ergibt sich eine andere Beziehung zum speziellen wissenschaftlichen Wissen als bei Hegel; eine Beziehung, der jeglicher Hochmut und jegliche Geringschätzung fremd sind.

## Seele und Körper
## Natur

Der Idealismus der Leibnizschen Philosophie blieb nicht ohne Folgen für ihre naturwissenschaftlichen Ansichten. Der Mechanismus der empirischen Prozesse erweist sich als eigenartige Chiffre, als ein Zeichensystem, hinter dem sich der Organismus mit seiner Teleologie verbirgt [vgl. *15*,1, S. 210]. Die Wiederholbarkeit der Ereignisse, die ihren Ausdruck in den Gesetzen der materiellen Natur findet, sieht nur wie eine grobe Schematisierung der stufenweisen Übergänge in der Welt der geistigen Wesen aus. Der Weg zur wissenschaftlichen Erklärung der Beziehung zwischen Körperlichem und Psychischem im Organismus des Menschen ist somit versperrt, da das Problem selbst auf die Ebene philosophischer Spekulationen übertragen wird. Deshalb hat Leibniz, wenn er die Beziehung zwischen Seele und menschlichem Körper behandelt, keine sichere Hand. So nimmt er an, daß der Körper des Menschen gleichsam ein „Bienenschwarm", eine „Herde" und sogar ein „Volk" sei, über das die Seele wie ein Monarch herrscht. Bei einer derartigen Interpretation, die B. Russell bei Leibniz als die hauptsächliche betrachtet [*43*, S. 149], ist die Seele des Menschen die zentrale Monade, die „Entelechie", die eine bestimmte Ordnung, eine substantielle Bindung (vinculum) an eine ihr untergebene Gemeinschaft formiert und die sich anderen Seelen-Monaden in ihrer körperlichen Erscheinung – als Gehirn darstellt.

Leibniz sieht einmal in der Seele das ideale Prinzip der allgemeinen Einheit alles Körperlichen im Menschen (das, was Aristoteles als pflanzliche Seele bezeichnete), und so aufgefaßt, wird der ganze menschliche Körper zur Erscheinung der Seele. Aus der Korrespondenz mit De Bosses erfahren wir schließlich, daß die

Betrachtung des menschlichen Körpers als der Erscheinung seiner Seele zu dem Schluß führt, der ganze Mensch sei insgesamt eine einzige Monade und die Seele träte durch den Körper zutage. In diesen verschiedenen Ansichten erweist sich der Mensch einmal als etwas von Anfang an Einfaches, d. h. als unteilbare Monade, andererseits als etwas unendlich Kompliziertes, d. h. als System von koordinierten und subordinierten Monaden.

Das gewaltige Interesse, das Leibniz für die Mannigfaltigkeit der empirischen Welt zeigt, führte ihn trotz seiner Orientierung auf den Spiritualismus dennoch zu bemerkenswerten Resultaten. Er distanzierte sich nicht nur von der mechanisch-materialistischen Weltanschauung, deren Ideen im 17. Jh. die Köpfe aller hervorragenden Wissenschaftler beherrschten und in deren Bannkreis er selbst in seiner Jugend dachte, sondern er bereicherte die Mechanik mit Vorstellungen über die Dynamik, da er sich nicht mit dem Wirken eines Geistes zufriedengab, der sich „hinter" den Gesetzen der Mechanik verbarg. Später beschränkte sich der „kritische" Kant darauf, mechanische Vorgänge auf das Gebiet der Erscheinungen zu übertragen, verzichtete aber darauf, dieses Bild weiter auszuarbeiten. Leibniz jedoch, in dieser Beziehung der Vorgänger Kants, bemühte sich weiterhin um die Vervollkommnung dieses Bildes und vertrat die Ansicht, daß man bei der Erklärung physischer Veränderungen nicht „ohne Not" zu allgemeinen Verweisen auf ihre „geistige" Quelle greifen darf [*14*, (A) II, S. 105–110], sondern, daß man sie untersuchen muß. Eine solche Konzeption trat einer Spaltung zwischen Wesen und Erscheinung entgegen und gestattete es, zwischen beiden Brücken (wenn auch nicht sehr dauerhafte) zu errichten.

In seinen physikalischen Theorien setzte Leibniz die Traditionen der fortschrittlichen Wissenschaft des 17. Jh. und das Vermächtnis seines Lehrers E. Weigel fort, der die Allmacht der Mathematik pries. Die Natur ordnet sich hierin den Gesetzen der Mechanik unter; in ihr ist kein Platz für die Frage „wofür?", man kann sie nur fragen „warum?". Die in ihr wirkenden Kräfte orientieren sich auf ihre Folgen, aber diese anvisierten „Ziele" sind von den Ursachen abgeleitet, d. h. innerhalb der Natur *selbst* triumphiert die Kausalität. Die Natur ist der Geltungsbereich physischer Kräfte; Anregungen der Seelen empfängt sie nicht [*15*,*2*, S. 423f.]: alle Erscheinungen, auch biologische, sind mechanisch erklärbar [*4*, S. 18]. Die Natur ist ein „Uhrwerk Gottes", „horologium Dei" [*14*, (A) I, S. 25]. Der Körper des Menschen „ist tatsächlich eine Maschine" [*15*,*1*, S. 202, 204f.].

Leibniz „wandelte" die Mechanik in Dialektik um, genauer gesagt, er begann, ihren dialektischen Inhalt aufzudecken. Den Begriff des „Mechanischen" bereicherte Leibniz durch wesentliche dynamische Züge, die bei Descartes und Hobbes fehlten. In der Natur werden keine Bewegungen bewahrt, sondern „Kräfte", unter denen Leibniz intuitiv das versteht, was man Energie zu nennen begann [*15*,*2*, S. 157ff.]. Der cartesianischen Bewegungsgröße $(mv)$ stellte Leibniz in seinen „Animadversiones" die „lebendige Kraft" $\frac{(mv^2)}{2}$ gegenüber [vgl. 30], die dem Erhaltungsgesetz untergeordnet ist [3, S. 144]. Dieses Gesetz wird von

Leibniz umfassend angewandt, manchmal sogar als Kriterium der Realität der Erscheinung in der Erfahrung [*36*, S. 321]. Er verknüpft darin qualitativ unterschiedliche Teile der Erfahrung zu einem Ganzen: Wirkungen können nicht verschwinden, folglich gehen sie nur in andere Zustände über: das, was wirkt, ist unzerstörbar [*8*, S. 127]; folglich wird es nur transformiert.

F. Engels bemerkte: „Leibniz war der erste, der einsah, daß das Descartessche Maß der Bewegung mit dem Fallgesetz in Widerspruch stehe. Andererseits ließ sich nicht leugnen, daß das Descartessche Maß in vielen Fällen richtig sei. Leibniz teilte also die bewegenden Kräfte in tote und lebendige. Die toten waren die ‚Drucke' oder ‚Züge' ruhender Körper, ihr Maß das Produkt der Masse in die Geschwindigkeit, mit der der Körper sich bewegen würde, wenn er aus dem Ruhezustand in die Bewegung überginge; als Maß der lebendigen Kraft, der wirklichen Bewegung eines Körpers dagegen, stellte er das Produkt der Masse in das Quadrat der Geschwindigkeit auf. Und zwar direkt aus dem Fallgesetz leitete er dieses neue Bewegungsmaß her. ... Weiter aber wies er nach, daß das Bewegungsmaß $mv$ im Widerspruch stehe mit dem Cartesischen Satz von der Konstanz der Bewegungsquantität, indem, wenn es wirklich gelte, sich die Kraft (d. h. Bewegungsmenge) in der Natur fortwährend vermehre oder vermindere. Er entwarf sogar einen Apparat („Acta Eruditorum", 1690), der, wenn das Maß $mv$ richtig sei, ein Perpetuum mobile mit steter Kraftgewinnung darstellen müsse, was doch absurd sei." [*1,20*, S. 371]. Engels erklärte den wahren Sinn des langen Streits zwischen den Cartesianern und den Leibnizianern folgendermaßen: „$mv$ ist mechanische Bewegung, gemessen in mechanischer Bewegung; $\frac{mv^2}{2}$ ist mechanische Bewegung, gemessen an ihrer Fähigkeit, sich in ein bestimmtes Quantum einer anderen Bewegungsform zu verwandeln." ... So, „daß lebendige Kraft nichts anderes ist, als das Vermögen einer gegebenen mechanischen Bewegungsmenge, Arbeit zu leisten ..." [*1,20*, S. 380, 383].

Wie bei Descartes erfolgen die Bewegungsübergänge in Leibniz' Physik nur über vermittelnde Glieder, denn es gibt in ihr keine Leere. Die Materie ist unendlich; sie erfüllt die ganze Welt [vgl. *15,1*, S. 154, 175, 192]. Fast wie Descartes neigt Leibniz dazu, die mechanische Bewegungsform als die in der Welt der Erscheinungen vorherrschende anzuerkennen, so daß nicht nur die „Strahlen" des Lichtes und der Magneten an und für sich materiell sind [*15,1*, S. 210]. Auch ihre Bewegungsgesetze tragen mechanischen Charakter. Leibniz lehnt die Diskretheit der Materie ab, möge sie nun grenzenlos sein wie bei Descartes und Hobbes [*4*, S. 102], oder aber atomar wie bei Gassendi und Boyle: „In der Natur gibt es meiner Ansicht nach keine materiellen Atome, weil das geringste Teilchen der Materie immer noch weitere Teile hat" [*15,2*, S. 391]. Es gibt aber auch keine Unendlichkeit der teilbaren Korpuskeln, da die physische Welt letztlich nicht aus Teilchen besteht, sondern aus Kräften, die sich materialisieren.

Das von Leibniz skizzierte physikalische Weltbild ist letztlich weder dem cartesianischen noch dem Newtonschen ähnlich. Materielles wird nicht auf das, was

Ausdehnung besitzt, reduziert [*15,2*, S. 259]. Einen leeren, von körperlichen Energien unabhängigen und absoluten Raum gibt es nicht; die Vorstellung, er sei das „Sensorium Gottes", wird abgelehnt [*15,1*, S. 137f., 149]. Unter den Eigenschaften der Materie gibt es keine allgemeine, ihrer Natur nach stets gleichartige Schwerkraft [*15,1*, S. 178], denn alles Materielle ist vielgestaltig und individuell, jedem seiner Fragmente sind spezifische Kräfte eigen, und es gibt streng genommen keinen Kräfteaustausch (Energieaustausch).

Hieraus entsteht infolge des Leibnizschen Idealismus bereits ein metaphysisches Resultat: die Kräfte werden von der wirklichen Materie losgerissen, alle physikalischen Verallgemeinerungen sind der Realität nur sehr angenähert. Die in ihnen enthaltenen Wahrheiten überschreiten nicht die Ebene der *Erscheinungen*. Bei der Charakterisierung der physikalischen Strukturen lehnt Leibniz die These ab, daß sie im Innern gleichartig sind; er stimmt weder der Ansicht zu, daß die kleinsten Teilchen absolute Festigkeit besitzen (das würde aus dem klassischen Atomismus folgen) noch der Behauptung, daß sie potentiell „flüssig" sind (entsprechend ihrer Unterordnung unter eine unendliche Teilung); er nimmt an, daß ihr Verhalten am besten durch die Mechanik der „halbflüssigen" Körper beschrieben werden könnte [*4*, S. 18; *8*, S. 31–33]. Es ist nicht uninteressant, daß heute die Physiker für den Atomkern u. a. das Modell eines zähflüssigen Tropfens verwenden.

Die Leibnizsche Physik wurde weder im 17. Jh. noch im folgenden wieder aufgegriffen. Zuerst verhinderte das die gewaltige Autorität Newtons, der gegenüber Leibniz eine Reihe begründeter Einwände erhob [vgl. *15, 1*, S. 156, 158, 162]. Hinzu kamen die Erfolge der mechanistischen Naturwissenschaft. Als der Mechanizismus ein Fiasko erlitt, ging der Leibnizianismus in verwandelter Form in das vitalistische Denken ein. Er begegnet uns mehr oder weniger in den metaphysischen Vorstellungen Herbarts (1776–1841), Lotzes (1817–1881) und Wundts (1832–1920). In dieser Eigenschaft teilte der Vitalismus das Schicksal des Idealismus insgesamt; er erwies sich als Hemmschuh auf dem Weg des wissenschaftlichen Erkennens. Übrigens war die Leibnizsche Physik insgesamt ungenügend ausgearbeitet: als sie sich vom Mechanismus abwandte, gelangte sie nicht zu einem definitiven nichtmechanistischen, gleichzeitig streng physikalischen Weltbild. In Leibniz' Ansichten über die Natur finden wir neben zutiefst mechanizistischen Vorstellungen nicht nur außermechanische, sondern überhaupt Verweise auf außerphysikalische und spirituelle Faktoren. Seine These: „der lebende organische Körper ist eine physikalische Konstruktion" kann sowohl im Geiste der fortschrittlichen Wissenschaft jener Epoche als auch im Geiste des Vitalismus interpretiert werden.

## Raum und Zeit

Die Schwierigkeiten bei der Interpretation der Natur, in die Leibniz durch seinen Idealismus geriet, sind deutlich bei der Lösung des Problems der Zeit und besonders des Raumes sichtbar. Die Widersprüche, auf die er hier stieß, komplizierten ernsthaft die Interpretation, daß die Welt der Monaden ein wissenschaftlich analysierbares System sei.

Kant machte Leibniz den Vorwurf, daß er Erscheinungen und Verstandesbegriffe vermenge. „Also waren Raum und Zeit" in Leibniz' Lehre „die intelligible Form der Verknüpfung der Dinge (Substanzen und ihrer Zustände) an sich selbst. Die Dinge aber waren intelligible Substanzen (substantiae noumena). Gleichzeitig wollte er diese Begriffe für Erscheinungen geltend machen, weil er der Sinnlichkeit keine eigene Art der Anschauung zugestand ..." [*53*, S. 367]. Dieser Vorwurf ist ungerechtfertigt. Cassirer z. B. bemühte sich im Gegenteil darum, Leibniz' Lehre von Raum und Zeit der transzendentalen Ästhetik Kants anzunähern [*36*, S. 274, 540], aber das war auch nicht völlig richtig. Leibniz' wahre Position beleuchtete seine Antwort auf die Überlegungen P. Bayle's und die Polemik mit dem Newtonianer S. Clarke, in der sie sich gegenseitig materialistischer Abweichungen beschuldigen. Er warf den Newton-Anhängern vor, sie zwängen Gott die ganze Zeit dazu, die unvollkommene Maschine Welt zu „flikken" [*15.1*, S. 120], da die Streuung der Tangentialkräfte im Raum immer neue und neue „göttliche Anstöße" erhalten muß. Clarke seinerseits beschuldigte Leibniz, sein Gott sei passiv, da er keine schöpferischen Veränderungen in die Natur hineinbringe.

Aus Leibniz' grundlegenden Hinweisen folgt, daß Beziehungen zwischen Monaden nur geistigen, psychischen, gedanklichen und logischen Charakters sein können. Räumliche Dimensionen haben keine logischen Beziehungen (auch wenn es in der Logik Aussagen über räumliche Beziehungen geben kann). Die „Zeit" ist für die logischen Aussagen (unter derselben Voraussetzung) ebenfalls nicht von Belang, auch wenn psychische Vorstellungen gerade zeitlich ablaufen. Da jedoch die Monaden in ihrem Streben höchste Reife erreichen und sich dabei das tiefste Geheimnis ihres Wesens enthüllt – der *denkende* Geist, so bildet dieser Geist, nicht aber Zeit und Raum die Sphäre des Wesens. Deshalb kann der Raum nur in den Erscheinungen existieren. „Etwas Kontinuierliches kann nicht aus Geistern errichtet werden (ex mentibus), wie es aus Räumen gestaltet werden kann" [*8*, S. 127]. Die Welt der Wesen ist gleichsam in dem Sinne diskontinuierlich, daß sie aus dem Verstand der „Individualitäten" „errichtet" ist. Bilden also die Monaden durch ihr System eine bestimmte räumliche Konfiguration? 1712 schreibt er an einen Korrespondenten, daß diese Frage überhaupt keinen Sinn habe. Entsprechend sinnlos ist auch die Frage, wann die Welt geschaffen wurde.

Dieser Gedankengang des Philosophen war gegen die Newtonsche Verabsolutierung von Raum und Zeit gerichtet. Der englische Kontrahent hatte Raum und Zeit zu außerkörperlichen und selbständigen „Wesen" erhoben. Leibniz ist der Überzeugung, daß es keinen „reinen" Raum „an und für sich" gibt und folglich auch keine Leere [vgl. *15,1*, S. 175ff., 192]. Jedoch ist Leibniz bei der Wertung der Möglichkeit der Existenz einer „reinen" Zeit (und auch der „absoluten" Bewegung) nicht ganz konsequent [*14*, (A) VII, S. 404]. Seine Argumente zum Raum leiden an einem gewissen Archaismus, wenn auch in seinen Überlegungen ein Teil Wahrheit lag: der absolute und gleichartige Raum könne gerade für eine solche und keine andere Anordnung der Dinge in ihm kein ausreichender Grund sein; die reine Zeit könne kein Ziel haben, auf das hin sie sich bewegt usw.

Leibniz wie auch G. Berkeley tendierten dahin, die These von der *Objektivität* von Raum und Zeit zu kritisieren. Indem er die Vorstellung vom Raum als einem „realen absoluten Wesen" und von der Zeit als einem „leeren Strom" zu den von F. Bacon charakterisierten „Idolen" rechnete, näherte er sich nicht nur dem Nominalismus Hobbes, sondern zum Teil auch dem Subjektivismus von Berkeley [*15,1*, S. 146]. Indem Leibniz annimmt, daß Raum und Zeit etwas „rein Relatives" sind [*15,1*, S. 134, 148], reduziert er sie auf Verfahren zum Ordnen der Vorstellungen im Subjekt [*4*, S. 104].

Leibniz charakterisiert den empirischen Raum als „Reihenfolge der Anordnung" der Erscheinungen oder als das Verhältnis ihres Nebeneinander [*15,1*, S. 134], den abstrakten Raum der Mathematiker beschreibt er als die Ordnung der möglichen Beziehungen des Nebeneinander. Die *empirische* Zeit ist die Ordnung der Aufeinanderfolge, des Nacheinanders der sinnlich-wahrnehmbaren Erscheinungen oder ihr Folgeverhältnis; die *abstrakte* Zeit stellt die Ordnung der möglichen Folgebeziehungen dar. Durch räumliche Prädikate werden Ereignisse charakterisiert, die nicht in die Kette der Aufeinanderfolgen einzureihen sind, sondern „jetzt" miteinander existieren. Mit Zeitprädikaten werden demnach Ereignisse charakterisiert, die nicht „jetzt" miteinander existieren, sondern wie die Erscheinungen der Vergangenheit, Gegenwart und Zukunft miteinander vereint sind.

Somit erhalten Raum und Zeit im Bereich der Erscheinungen einen Platz; es fragt sich jedoch, wie weit sind sie real? Die Ordnung der Erscheinungen selbst ist eine bestimmte *Erscheinung* der Ereignisse, d. h. der Zustände der Monaden; gemeint sind die Struktur und der Prozeß ihrer Tätigkeit. Folglich sind Raum und Zeit „wohlbegründet" (un phenomène bien fonde) [*14*, (A) VII, S. 564]. Gerade unter dem Aspekt der Zeit erfolgt das Progressieren der Monaden von „*dx*" bis „∞", und gerade in räumlicher Hinsicht kommt die qualitative „Nähe" oder „Entferntheit" der Monaden voneinander zum Ausdruck. Deshalb urteilt Leibniz nicht selten, daß der Raum etwas Reales ist, aber stets angefüllt und unendlich teilbar sein muß [*15,1*, S. 154]. Die Raum-Zeit-Struktur ist den Monaden stets eigen und ebenso ewig wie die Naturkräfte. Wenn man aus der Hauptklasse der entwickelten Monaden alles Inhaltliche beseitigt, was Raum-Zeit-Charakter trägt, erweisen sie sich als beinahe völlig ausgeleert: denn nach dem Abziehen der *Raum-Zeit*-Vorstellungen verbleiben als ihr Inhalt nur trübe Empfindungen und Emotionen.

Aber gerade der Vergleich mit den Kräften kommt nicht dem Raum zugute: er ist kraftlos und passiv. „Ausdehnung ist ein Zustand, und Denken ist eine (aktive) Tätigkeit" [*8*, S. 128f.]. Der „erstarrte" Charakter des Raumes macht ihn zu der am wenigsten „gewöhnlichen" Erscheinung von allen. Da die echte Welt voller Dynamismus ist, kommt es zu einer Gegenüberstellung der wirklichen aktiven Welt und ihres passiven geometrischen Schemas, ähnlich wie bei der

Konstruktion eines Kreuzworträtsels sind die Flächenbeziehungen nur das äußere Verfahren für den Ausdruck des Sinns [*44*, S. 102]. V. I. Sviderskij bemerkt: wenn Newton die Konstanz der Erscheinungen betonte, setzte Leibniz den Akzent auf die allgemeine Veränderlichkeit von Wesen und Beziehungen [*15,1*, S. 183]. Den Strom der Zeit als solcher bilden die im Bewußtsein der Monaden entstandenen Abstraktionen des wirklichen Flusses der Zustände der Dinge.

Sichtlich hat B. Russell recht, wenn er der Ansicht ist, daß bei Leibniz mehrere Arten des Raumes feststellbar sind [vgl. *42*, S. 97]. Wenn nach Leibniz die ihrer Eigenschaft nach geistigen Monaden keinen objektiv-wesenseigenen Raum haben können, so existieren dafür: 1) ein empirischer, subjektiv-sinnlicher Raum als Vorstellungsstruktur bei jeder einzelnen Monade, d. h. ihr individueller Standpunkt zur Welt; 2) ein theoretischer, abstrakt-gedanklicher Raum der Mathematiker, der in dem Sinne real ist, daß die Gesamtheit der ewigen Wahrheiten real ist, die für alle möglichen Welten wirklich sind, d. h. das Gebiet des im weiten Sinne des Wortes logisch Möglichen [*4*, S. 132]; 3) ein realer Wesensraum als System der „Standpunkte" aller Monaden, in dem die individuellen Strukturen ihrer subjektiv-sinnlichen und danach der rational-durchdachten Raumvorstellungen der verschiedenen Monaden zu einer Einheit gebracht sind. Den dritten der aufgezählten Räume könnte man als eine Art kollektiven Raum interpretieren, der nicht weniger real ist als alle physischen Erscheinungen und geistigen Wesen, der aber nicht die Objektivität der Monaden als solcher besitzt. Es ist interessant, daß die Konstruktion des „Wesens-Raumes" vom Standpunkt der neuesten physikalischen Vorstellungen über die Relativität einen gewissen Sinn hat, denn der abstrakt-gedankliche Raum hat Merkmale, die für die topologischen Räume zutreffen.

In Leibniz' Ansichten über die Natur von Raum und Zeit blieb vieles unklar. Im ganzen jedoch hatte Leibniz prinzipiell recht, wenn er annahm, daß Raum und Zeit nicht unabhängig von materiellen Gegebenheiten existieren; er hatte jedoch Unrecht, wenn er ihre Abhängigkeit gerade von *geistigen* Wesen postulierte, d. h. ihre Idealität behauptete. In der ersten Behauptung vermied er die Extreme des Subjektivismus wie bei Berkeley, und mit der zweiten näherte er sich den Ansichten Kants und Humes, die die Raum-Zeit-Zusammenhänge aus der Tätigkeit des Bewußtseins ableiteten. Verweise auf die „prästabilierte Harmonie" – der für Leibniz übliche Ausweg aus den schwierigsten Fragen – machen die Sache nicht bestimmter. Letztlich erfolgt bei Leibniz eine vollständige Entwertung des Terminus „prästabilierte Harmonie": was auf der Welt auch geschehen mag, selbst Tragödien und Katastrophen – alles muß man als harmonisch und vereinbar anerkennen. Dadurch wird dieser Terminus zu einem leeren Wort [*15,1*, S. 199ff.].

# KAPITEL VI

# Ethik

## Die „beste" Welt und das Problem des Bösen

Eine der Folgen der „prästabilierten Harmonie" bestand darin, daß unsere Welt die harmonischste und am besten geordnete aller möglichen Welten, daß sie die beste von allen ist [vgl. *6*, S. 512f.].

Kann von Leibniz' Standpunkt aus die Existenz anderer Welten neben der unseren angenommen werden? Allgemein gesagt: ja, weil jedes logisch-widerspruchsfreie System möglich ist. Aber das bedeutet, daß nur logisch harmonische Welten möglich sind. Jedoch existiert unsere Welt real als *einzige* Welt deshalb, weil sie die harmonischste ist, was ihr mehr Recht auf Existenz verleiht als allen übrigen Welten [*15,2*, S. 447f.]. In diesem Teil der Überlegung bedeutet „harmonisch" bereits etwas anderes, der Begriff meint größten Inhalt und Vollständigkeit, mit einem Wort: Vollkommenheit.

Unsere Welt ist die *im Prinzip* vollkommenste aller Welten; sie entwickelt sich, und folglich vervollkommnet sie sich weiterhin. Dennoch wird in ihr in jedem Moment ihrer Existenz das Maximum an real Möglichem und Mannigfaltigem für diesen Moment eben im Rahmen dieser Welt realisiert. Anders gesagt, unsere Welt ist vollkommen und auch wieder nicht vollkommen. Dieser Widerspruch entsteht durch das Zusammentreffen des seiner Natur nach dialektischen Begriffs „Entwicklung" mit dem metaphysischen Begriff „größte Vollkommenheit". Später trennten sich die Wege zur Lösung dieses Widerspruchs. Während Kant sich darauf beschränkte, die Vollkommenheit in ein unerreichbares und nur regulativ wirkendes „Ideal" zu verwandeln, enthielt die berühmte Hegelsche Formel „alles Vernünftige ist wirklich, und alles Wirkliche ist vernünftig" eine gewisse Konkretisierung durch die Unterscheidung von „Wirklichem" und „Existierendem". Übrigens wurde diese Unterscheidung bei Leibniz dadurch antizipiert, daß „Vollkommenheit in einem bestimmten Moment" nicht jede überhaupt mögliche Vollkommenheit bedeutet, sondern nur eine Etappe auf dem unendlichen Weg zu ihr ist.

Leibniz lieferte die logische Begründung dafür, daß die Vollkommenheit der Welt nur im Prozeß ihrer Vervollkommnung bestehen kann. Am 2. Dezember 1676 schrieb er, daß, wenn alles für unsere Welt Mögliche völlig realisiert wäre, die Welt in den Abgrund des Absurden versänke. Denn dann wäre alles logisch an sich Widerspruchsfreie gleichzeitig Realität; es müßte dann z. B. wahr sein, daß ein bestimmter Mensch sowohl zwei als auch fünf Kinder hat und alles wären

Jungen und umgekehrt alles Mädchen usw. Folglich ist nicht alles Mögliche real vereinbar.

Aber dennoch ist es nicht gelungen, die logischen Widersprüche der Konzeption zu beseitigen. Sie untergraben von innen heraus den Unterschied zwischen der wirklichen und der möglichen Welt, sie führen zu einer Reihe von Antinomien. Dieser Unterschied beruht darauf, daß die logisch-mathematischen Sätze (Wahrheiten) in allen Welten gleich sind, was man aber nicht von den Naturgesetzen sagen kann. „Es ist möglich, daß es eine andere Natur der Dinge gibt, in der auch andere Gesetze gelten" [*8*, S. 121]. Es fragt sich, was für „andere Gesetze" der Natur sind das? Offensichtlich müssen sie sich von den Gesetzen, die in unserer Welt existieren, durch eigene empirische Folgen unterscheiden. Diese Folgen müssen natürlich auch miteinander entsprechend der Logik vereinbar sein, die für alle Welten gemeinsam ist. Aber unsere Welt schließt in sich die maximal mögliche Summe der zu vereinbarenden Dinge und Ereignisse ein, denn die Natur „übertrifft alles, was wir zu erdenken imstande sind, und alle miteinander in ihrem Wettstreit verträglichen Möglichkeiten sind auf der großen Szene ihrer Darstellungen realisiert" [vgl. *4*, S. 366; vgl. *6*, S. 504f.].

Der Monadenbestand in unserer Welt umfaßt ihre totale Gesamtheit von „*dx*" bis „∞" ohne irgendwelche Unterbrechungen [vgl. *42*, S. 79]. Bei der umfassenden Bedeutung des Begriffs „Vereinbarkeit" ist anzunehmen, daß zu den möglichen Welten nur solche Ereignisse und Dinge gehören, die Fragmente unserer Welt darstellen. Folglich sind die möglichen Welten ein Teil der wirklichen Welt, und in unserer Welt ... ist buchstäblich alles möglich! Aber das ist unzutreffend.

Andererseits muß jede der möglichen Welten eine bestimmte Ganzheitlichkeit sein, und wenn zu ihnen auch nur einige Dinge und Ereignisse gehören, die sie mit unserer Welt gemeinsam haben, muß sich jede dieser Welten schließlich, da sie sich der für alle gemeinsamen Logik unterordnet, bis zum Zustand unserer Welt entwickeln. Dann stimmen alle Welten überein. Um nicht zu dieser Schlußfolgerung zu gelangen, muß man akzeptieren, daß zu den möglichen Welten stets nur sich irgendwie „verschlechternde" und in diesem Sinne „unvollkommene" Fragmente der wirklichen Welt gehören. Aber in diesem Falle gilt weder die „prästabilierte Harmonie", die zur Vollkommenheit führt, noch gelten überhaupt die Prinzipien der Leibnizschen Philosophie in den möglichen Welten! In diesem Falle ist es richtig, daß Leibniz „fälschlich die vermeintliche Möglichkeit als begriffliche Möglichkeit nahm" [*44*, S. 222]. Übrigens, wenn man „gemeinsame Möglichkeit" im engeren Sinne versteht, im streng logischen Sinne, dann ist mindestens eine „Antiwelt" möglich, zu der die Negationen der Prädikate gehören würden, die unserer Welt in konkreten Situationen zukommen.

Leibniz betont immer wieder die Vortrefflichkeit der Welt, in der wir leben; sie besteht nicht nur darin, daß in ihr „der größte Teil der möglichen Dinge" verschiedenartig „verwirklicht ist" [3, S. 179], sondern zeigt sich auch darin, daß in unserer Welt der beste Staat besteht, sich die „vollkommenste Monarchie" herausgebildet hat [*3*, S. *183*, 170]. Diese Welt ist „die beste Reihe der Dinge" [*6*, S. 529, 533]. Was ihre ethische Charakterisierung betrifft, so „darf in der Welt keiner unglücklich sein, wenn er es nicht wünscht" [*8*, S. 31–33]. Also Vollkommenheit ist in allen Parametern vorhanden.

Aber wie verhält es sich denn nun mit der Tatsache, daß es in der Welt viel Böses, viel Leiden und offensichtliche Unvollkommenheit gibt? Der Philosoph selbst bemerkt, daß sich die Menschen in drei Vierteln ihrer Handlungen wie Tiere verhalten, und in der Mehrzahl der Fälle verfahren sie wie reine Empiriker, was wiederum nicht von einer hohen Entwicklung ihres Intellekts zeugt [*15,2*, S. 426, 442]. Wenn Unvollkommenheiten nur auf das Fehlen bestimmter höherer Vollkommenheiten hinauslaufen würde, könnte das zumindest damit gerechtfertigt werden, daß die ganze Welt nicht ebenso vollkommen sein kann wie die vollkommenste aller möglichen Monaden [*6*, S. 517]: aber wo findet man die Rechtfertigung von Qualen und Verbrechen?

In seiner Antwort verwendet Leibniz das Kontrastprinzip: „ohne Schmerzen würde es im Grunde keine Lust geben" [*4*, S. 156], „wer die bitteren Dinge nicht erprobt hat, verdient keine süßen und schätzt sie gar nicht einmal" [*3*, S. 185], wer keine Qualen erduldet und keinen Schrecken erlebt hat, schätzt nicht das Glück und kann die Freude nicht voll genießen. Folglich ist das Böse die notwendige Stufe zum Guten, und es wird von uns deshalb getadelt, weil wir seine wirkliche Rolle nicht erkannt [*6*, S. 513] und es nicht verstanden haben, an die moralische Wertung des Geschehens vom Gesichtspunkt des Universums heranzugehen. Die moralischen Schattenseiten braucht die Welt, damit ihre hellen Seiten klar erstrahlen.

Die Welt, die völlig frei von dem ist, was man Böses nennt, wäre zu keiner weiteren Vervollkommnung fähig, das jetzige „Böse" in den *Erscheinungen* fördert die Erlangung einer vollständigeren künftigen Harmonie des Guten im *Wesen*. In dieser Position verflicht Leibniz völlig verschiedene Motive. Der Hinweis auf die progressive historische Rolle des „Bösen" besitzt einen tiefen Gehalt; die Dialektik seiner Funktionen wurde später von Hegel in der „Philosophie der Geschichte" hervorgehoben und von Marx in seiner Arbeit „Das Elend der Philosophie" erklärt. Andererseits näherte sich Leibniz – bei all seinem Bestreben, das moralische Wohl mit dem realen Glück der Menschen zu identifizieren [vgl. *4*, S. 152], und dem Wunsch, nicht naiver Apologet allen Geschehens zu sein, was aus dem Schlußtext der „Neuen Abhandlungen . . ." zu ersehen ist (vgl. *4*, S. 647] – jener Tradition der Rechtfertigung des Bösen, die von Augustinus zu Berkeley verläuft und auch Descartes nicht unberührt ließ.

In seinem abstrakten Humanismus betrachtete der höfische Aufklärer die Nöte der werktätigen Klassen aus angemessener Entfernung. So konnte er sich ohne besondere Mühe mit der Tatsache der Abhängigkeit und der Unterdrückung versöhnen. Nicht ohne Grund verspottete Voltaire in „Candide oder der Optimismus" (1759) so treffend unseren Philosophen in seiner Hoffnung, daß jeder seinen gemütlichen Winkel im harmonischen Weltall finde. Die Bereitschaft des

Helden dieser Erzählung, Panglosse, „zu behaupten, alles sei gut, wenn es schlecht ist", offenbart völlige Dummheit. Aber die an jeden gerichtete Aufforderung Voltaires „seinen Garten zu bestellen", entsprach völlig dem aufklärerischen Optimismus seines Vorgängers – der ebenso an die Möglichkeit der natürlichen menschlichen Vernunft glaubte, nach deren Forderungen das moralische Leben aufgebaut werden muß, wie sein späterer Kritiker.

Leibniz begriff, daß die These von dem illusorischen Charakter des Bösen in eine Sackgasse führt. In der „Theodizee" unterscheidet er drei Formen des Bösen, um damit zu zeigen, daß das Böse nicht die Schattenseite des Guten ist, sondern seine noch ungenügende Stufe. Er unterscheidet 1) das metaphysische Böse, d. h. die Unvollkommenheit aller irdischen Schöpfungen; 2) das physische Böse, d. h. das Leiden, und 3) das moralische Böse, d. h. die Sünde [*6*, S. 114; vgl. *6*, S. 509]. Die zweite Form des Bösen kann nach Leibniz entsprechend der prästabilierten Harmonie als natürliche Strafe für sündiges, d. h. den Forderungen der Natur widersprechendes Verhalten erklärt und gerechtfertigt werden und folgt aus der dritten Form des Bösen, die ihrerseits eine Folge der ersten Form ist, d. h. des metaphysischen Bösen.

Er erklärt das metaphysische Böse mit der scholastischen These, daß Böses Mangel ist, dann aber verknüpft er es mit der Idee, daß jede neue Entwicklungsetappe vollkommener sei als die vorhergehenden. Das Vorhandensein von Bösem als Unvollkommenheit stellt der Philosoph als Stimulus zur weiteren Vervollkommnung, Entwicklung und Erkenntnis dar, womit er auch die abgeleiteten Formen des Bösen rechtfertigt. Unter Verwendung der platonischen Lehre vom Sein kehrt Leibniz zu dem Gedanken zurück, daß das Böse nur relativ ist: denn jedes Geschöpf muß sich darüber freuen, daß es existiert, wenn es auch unvollkommen ist, da existieren „besser" ist als nicht existieren. So liegt die Überwindung der eigenen Unvollkommenheit in der Macht des Menschen, da Unvollkommenheit, d. h. Böses, Mangel an Wissen ist. Das Böse wird durch Aufklärung besiegt, welche Wohl und Nutzen für alle mit sich bringt. Das Entstehen des Bösen durch Mangel an Wissen ist dadurch erklärbar, daß der Mensch, ist er über die Folgen seiner Handlungen schlecht unterrichtet, Fehler begeht. Er begeht sie deshalb, weil er nicht die Wahl trifft, die er treffen müßte, d. h. weil er die Fähigkeit, frei zu wählen, mißbraucht. Somit ist Böses die Folge von falsch gerichteter Willensfreiheit. Wir stehen vor einem neuen, noch schwierigeren Problem, das in seiner Bedeutung über Leibniz' aufklärerisch-utilitaristische Ethik hinausweist.

## Das Problem der Willensfreiheit

Ohne Willensfreiheit wäre die Welt nur ein trauriger Mechanismus, in dem jede Handlung des Menschen vorausbestimmt ist. Selbst wenn diese Vorausbestimmung harmonisch ist, lehnt Leibniz es ab, eine solche Welt als vollkommen zu betrachten, da Vollkommenheit Freiheit ist [*11*, S. 81]. Aber die Welt, in der Willensfreiheit herrscht, befindet sich in der Macht der Willkür, und zusammen mit der Prästabiliertheit verschwinden aus ihr sowohl Harmonie als auch Vollkommenheit. Leibniz erörtert eingehend das Dilemma von Fatalismus und Voluntarismus, er verflicht es zur moralischen Kollision und sucht einen Ausweg in der Aufklärung. Leibniz wie auch Spinoza sind bereit, die erkannte Notwendigkeit zu rühmen, in der die Freiheit die andere Seite der Notwendigkeit ist, er gibt sich aber dennoch mit Spinozas fatalistischer Lösung nicht zufrieden: für die seelenlose Substanz des Spinozismus ist „Freiheit" nur leerer Schall, und für den Menschen ist sie nichts anderes als die willige Unterordnung unter die schicksalhafte Abhängigkeit von der Substanz.

Für Leibniz' Persönlichkeitsmonaden wäre Freiheit kein leerer Schall, aber ihr Vorhandensein würde die „prästabilierte Harmonie" zerstören, die dem Philosophen so sehr am Herzen liegt, und die in den Augen der Mehrheit seiner Leser als „Vorherbestimmung" gilt. Ohne die religiöse Interpretation dieses Begriffs auszuschließen, bemühte er sich in der entbrannten Auseinandersetzung mit A. Arnauld um eine Lösung, die für die Kirche annehmbar war und zugleich eine eigene Dialektik aufwies. Die Lösung sieht folgendermaßen aus: die Willensfreiheit der Menschen ist von oben vorausbestimmt, d. h. den Monaden ist durch die Natur der Dinge Aktivität vorausgegeben, aber jede menschliche Lösung ist unbedingt motiviert. Eine jede derartige Lösung kann durch eine andere ersetzt werden, sogar durch eine ihr entgegengesetzte, da dasjenige stets möglich ist, dessen Negierung nicht zum logischen Widerspruch führt. Wie Leibniz in dem Brief an Coste vom 19. Dezember 1707 bemerkt, sind die Lösungen und die aus ihnen folgenden Handlungen der Menschen in dem von dem Philosophen akzeptierten modalen Sinne „zufällig" [*3*, S. 226]. Damit wird der Fatalismus ausgeschlossen, gleichzeitig aber kein Indeterminismus behauptet.

Wenn auch diese Position mit der „prästabilierten Harmonie" nicht vereinbar ist, weitaus wichtiger war es, ihre Vereinbarkeit mit dem Determinismus zu erklären. Die freien, zum Bösen führenden Abweichungen in der Tätigkeit der Monaden könne man als vorausprogrammiert betrachten, d. h. als zwangsweise durch ihren eigenen Inhalt bestimmt: „. . . die menschliche Seele ist in gewisser Art ein geistiger Automat" [*6*, S. 133]. Somit hebt der Fatalismus die Freiheit auf. Jedoch Leibniz vermeidet diese Folgerung, indem er annimmt, daß in jeder Monade die Kette ihrer inneren Vermittlungen *unendlich* ist. Denn die Unendlichkeit nimmt der Mensch-Monade den Fatalismus. Die Determination wurzelt mit ihren Quellen in der Tiefe jeder Monade, aber diese Tiefe hat weder in gnoseologischer noch in ontologischer Hinsicht einen Boden: nur „Gott" ist imstande, alle Kettenglieder der Vermittlungen sowohl in der Vergangenheit als auch in der Zukunft zu überschauen. Diese Kette steigt zu „Gott" als der aktualen Unendlichkeit auf. Aber das kann man auch so verstehen, daß Leibniz dieses Problem mit der aktualen Unendlichkeit des Weltalls verbindet.

Somit wird die Notwendigkeit über den freien Willen realisiert, aber Leibniz'

Standpunkt hat einen anderen Sinn als die „freie Notwendigkeit" Spinozas. Es existieren verschiedene Stufen der Freiheit, sie wachsen entsprechend dem Ansteigen des Selbstbewußtseins und der Erkenntnis der Monaden, entsprechend der Vergrößerung ihrer Aktivität. Je mehr sich die Aktivität auf eine sich vermehrende Erkenntnis stützt, um so mehr verliert die Freiheit die Züge der Willkür, die zu Fehlern führt. Sie verwandelt sich in vernünftige, zielgerichtete Tätigkeit, die durch zweckmäßige Motive determiniert ist. Bei einem unwissenden Menschen und „in Tausend Handlungen der Natur offenbart sich der Zufall, aber wer kein Urteil hat, wenn er handelt, der hat keine Freiheit" [*6*, S. 123]. Bei einem vernünftigen und aufgeklärten Menschen spielen jedoch die Zufälle im Verhalten eine immer kleinere Rolle. Bei ihm verstärkt sich das Handeln „aus Neigung ohne (schicksalhafte) Notwendigkeit". Denn „die vollkommenste Freiheit besteht eher gerade darin, bei der Wahl des Besten nicht gefesselt zu sein" [*15,1*, S. 167].

Freiheit ist Selbsttätigkeit des vernünftigen Subjekts, das durch immer begründetere Motive gelenkt wird. „Umso mehr Freiheit, je mehr Handlungen auf Grund von Motiven vorkommen; umso mehr Unfreiheit, je mehr Handlungen aus Affekten der Seelen erfolgen", schreibt er an de Coste im Jahre 1707. Der freie Mensch entscheidet und handelt so, daß er „eine Wahl von vollkommener Weisheit" verwirklicht. Die menschliche Persönlichkeit ist nicht irgendeine Schachfigur in den Händen der Notwendigkeit, sondern ihr bewußter und aktiver Realisator.

Also liegt über der Persönlichkeit kein schicksalhaftes Diktat, obgleich Leibniz den „Fatalismus" für das Weltall als Prinzip der Allgemeingültigkeit der Determiniertheit annimmt, das mit dem Prinzip des zureichenden Grundes identisch ist. In diesem Sinne tritt Leibniz erneut gegen den „Zufall der Epikureer" auf [*15,1*, S. 148] und erklärt, daß „alles Künftige vorausbestimmt ist" [*6*, S. 123; *15,1*, S. 167]; aber „Schicksalhaftigkeit ... braucht nicht gefürchtet zu werden, man muß nur das *grausame Verhängnis* oder die *Notwendigkeit* vermeiden, die weder Weisheit noch Wahl kennt" [*15,1*, S. 137].

Der Philosoph nimmt an, daß „zufällige Handlungen allgemein und freie Handlungen im besonderen deshalb nicht notwendig werden im Sinne der unbedingten Notwendigkeit" [*6*, S. 133]. Es geht nicht darum, daß zufällige Handlungen des Menschen nicht durch Motive determiniert sind; es gibt keine unmotivierten Entscheidungen und auch Buridans Esel hatte „Motive" [vgl. *4*, S. 91]. Aber ihre Determinierung geht in der unendlichen Masse von kleinen Tatsachen verloren, sie hat keinen wesentlichen Charakter. Dabei sieht Leibniz als Ideal ist überall letztlich die *geistige* Determiniertheit; der Idealismus zwang ihn hier zu immer unsichereren Konstruktionen.

Die Ausdehnung der Determiniertheit auf das ganze unendliche Weltall untergrub die orthodoxen Vorstellungen von der Rolle Gottes in der Welt als der ihres freien Herrschers; das katholische Dogma von der Willensfreiheit des Menschen verlor seinen absoluten Charakter, und seine protestantischen Einschränkungen in der Lehre von der Prädestination verloren ihren zutiefst religiösen Sinn. Um einen scharfen Bruch mit den christlichen Glaubenslehren zu vermeiden, führte Leibniz drei verschiedene Notwendigkeiten ein, die den drei Arten des Bösen und des Guten entsprachen: a) die *metaphysische* oder logische, nach der nur das existiert, was logisch widerspruchsfrei ist, und Widersprüchliches unmöglich ist; b) die *physische*, die zur Welt der Erscheinungen gehört und mit der physischen Kausalität zusammenfällt; c) die *moralische*. Letztere wurde von Leibniz als besondere Art charakterisiert, um die Unterordnung Gottes unter die metaphysische, d. h. substantielle Notwendigkeit zu vermeiden: Gott wählt gleichsam frei die beste Entscheidung, nach der von allen möglichen Welten nur eine einzige realisiert wird, aber da Gott im moralischen Sinne ideal ist, mußte er die Existenz gerade der besten aller möglichen Welten sanktionieren und konnte deshalb nicht anders handeln [*6*, S. 103f.].

Entsprechend tut Gott dem Willen des Menschen keine Gewalt an und zwingt ihn zu nichts, sondern macht ihn gleichsam zu bestimmten Entscheidungen und Handlungen „geneigt" [*4*, S. 169; *6*, S. 529]. Der Mensch bewegt sich schließlich, anfangs durch seine blinden körperlichen Affekte gezogen und danach überzeugt durch die Notwendigkeit der moralischen Wahl, direkt zu jenem Ziel des allgemeinen Fortschritts, auf das die Vorsehung von Anfang an hinzielt.

Aber eine Synthese aus Freiheit und Notwendigkeit ergab sich in Leibniz' Philosophie letztlich auf diesem Wege auch nicht, und der Begriff der moralischen Notwendigkeit, d. h. „der Neigung ohne Notwendigkeit", der die logische Determiniertheit durch die psychologische ersetzt, obgleich die formale Möglichkeit der Ausführung anderer Handlungen bleibt, führt faktisch nicht über die Grenzen des Fatalismus der „prästabilierten Harmonie" hinaus.

Gott, wenn man ihn als ein Wesen versteht, das das ganze Weltall umfaßt, befindet sich in den Fängen des Fatalismus, da die den Fatalismus erschütternde Unendlichkeit in ihm selbst enthalten ist und mithin zu einer gewissen idealen „Endlichkeit" wird. Außerdem wird die moralische Notwendigkeit bei Leibniz sogar stärker als jede andere betont, sobald sie über allen diesen herrscht. Der „Fatalismus" der physischen Welt wie auch die prästabilisierte Harmonie der geistigen Welt erweisen sich nur als ihre Folgen (im Unterschied zur Struktur der Arten des Bösen, wo das moralische Böse umgekehrt vom metaphysischen Bösen abgeleitet worden war). Leibniz ging davon aus, daß der Weg zur wahren Lösung des Problems der Freiheit und Notwendigkeit über die Analyse der Unendlichkeit führt, nur kann die in Gott „eingeschlossene" Unendlichkeit nicht Gegenstand einer effektiven Analyse werden. Dieser Gegenstand kann allein die Unendlichkeit der materiellen Welt sein, aber gerade diese verblieb noch außerhalb der Analyse des Philosophen, obwohl er bereits einige interessante Überlegungen über die mathematische Unendlichkeit anstellte.

# KAPITEL VII

# Erkenntnistheorie

## Wahrheitskriterien

Die Entwicklung der Monaden besteht in der Selbstentfaltung des in ihnen angelegten Wissens. Deshalb akzeptiert Leibniz die Theorie der angeborenen Ideen, deren Anhänger Platon und in neuerer Zeit die Cartesianer sowie die Cambridger Platoniker waren.

Nach Leibniz sind der Inhalt der Erfahrung und die Kategorien, die für ihre Verarbeitung benutzt werden [*4*, S. 7f.], ebenso angeboren wie die Empfindungen und Gefühle, Instinkte, Kenntnisse und Verhaltensneigungen [*4*, S. 37f., 48]. Kurz gesagt, wir „sind uns selbst angeboren" [*4*, S. 7, 52ff.].

Somit ist sowohl die sinnliche als auch die theoretische Erkenntnis angeboren, und da die menschliche Seele beide besitzt, ist sie keine tabula rasa, sondern eine unendlichen Inhalt fassende Welt. Diese These erörtert Leibniz recht spitzfindig und stellt sie den Ansichten sowohl Descartes' als auch Lockes gegenüber. Er wirft Locke vor, die Selbsttätigkeit der Seele nicht zu verstehen; an Descartes kritisiert er, sie vereinfacht zu verstehen. Unter Verwendung eines bildhaften Vergleichs schreibt er, daß die Seele dem weißen Marmor gleicht, in dem Adern und Ungleichmäßigkeiten verborgen sind [*4*, S. 8, 48, 55], und um sie zutage zu bringen, sind die Bemühungen des Steinschneiders und des Bildhauers erforderlich. Uns sind Veranlagungen des Wissens, Tendenzen und unbewußte Dispositionen für die eine oder andere Tätigkeit angeboren [*4*, S. 8, 40, 77f.; *15,2*, S. 172]. Es ist möglich, sie aus den virtuellen zu aktuellen zu machen, wenn die Aufmerksamkeit angespannt wird; überhaupt wirken hier Erinnerung und Unterrichtung und alle Formen von Bildung. „Ideen und Wahrheiten sind uns ähnlich den Neigungen, Dispositionen, Gewohnheiten oder natürlichen Potenzen angeboren" [*4*, S. 8]. Angeborenes ist also noch nicht Erkanntes. Locke hat von Leibniz' Standpunkt aus recht, daß in der Seele bei der Geburt kein Wissen über Wahrheiten vorhanden ist, aber er hat nicht recht, wenn er in ihr das Vorhandensein *potentiellen* Wissens negiert. „Es ist nichts im Verstand, was nicht in den Sinnen gewesen wäre, außer dem Verstand selbst (nihil est in intellectu, quod non fuerit in sensu, excipe: nisi ipse intellectus)" [*4*, S. 84]. Dieser Lehre entspricht die Ansicht über die Entstehung gnoseologischer Fehler – sie geschehen nicht so sehr durch sinnliche Illusionen als vielmehr durch Fehler in den Überlegungen und durch Gedächtnisschwäche.

In der Kritik der Vorgänger ist Leibniz nicht immer gerecht. Descartes hat nicht behauptet, daß der Neugeborene sich ewiger Wahrheiten bewußt wird und daß gleichsam nur das Unvermögen zu sprechen ihn daran hindere, sie mitzuteilen. Er akzeptiert die Existenz wahrer Ideen, an die früher kein einziger Mensch auf der Welt gedacht hat [*51*, S. 69]. „Unter Angeborenheit der Ideen", antwortete er auf die 10. Entgegnung Hobbes', „verstehen wir nur, daß wir die Fähigkeit haben, sie hervorzurufen", und im Verstand sind nur „gleichsam die Keime (semenes) der für uns erreichbaren Wahrheiten" angelegt [*52*, S. 456]. Somit ist der Unterschied zwischen Leibniz und Descartes kleiner als er Leibniz selbst scheinen mochte.

Was Locke betrifft, so verwies er ebenso wie Leibniz auf die Unterschiede in den Fähigkeiten und Veranlagungen, die die Menschen von Geburt an erhalten haben [vgl. *54*, S. 224]. Natürlich kam der Materialist Locke der Wahrheit näher als Leibniz, da er im Unterschied zu diesem die *Angeborenheit von Wissen* negierte und darin unbedingt recht hatte. Recht hatte er auch mit der Annahme von *Erbinformationen*, die aus gewissen anatomisch-physiologischen Voraussetzungen bestehen, während in der Leibnizschen These von den „Potenzen" bestimmte „Wissensveranlagungen", Fähigkeiten sowie das, was wir heute als *unbedingte Reflexe* bezeichnen, miteinander vermischt sind. Dieser ganze Komplex verschiedenartiger Erwägungen wurde von unserem Philosophen im Geiste des Idealismus interpretiert.

Leibniz suchte einen Mittelweg, einen Kompromiß zwischen Descartes und Locke, indem er seine Konzeption der angeborenen Ideen den damals bekannten Tatsachen anpaßte. Sie enthielt ein rationales Moment, da sie nicht nur das „gemeinsame Schicksal" von sinnlicher und rationaler Erkenntnis betonte, sondern auch die Abhängigkeit unseres Wissens von der Erfahrung vergangener Generationen hervorhob, d. h. den vermittelten *Charakter* des neuen Wissens durch die frühere Erfahrung. Indem Leibniz zeigte, daß die Quellen des Wissens in den unbewußten und trüben, unendlich schwachen Perzeptionen liegen, lenkte er damit die Aufmerksamkeit auf die Rolle undeutlicher Formen der Wahrnehmung der Wahrheit. Am wenigsten dachte er daran, die Wissenschaftler auf die fruchtlose „Erinnerung" an gewisse angeborene Kenntnisse zu orientieren; Leibniz appellierte an Experimente und Überlegungen.

Vermittels trüber Wahrnehmungen „lauschen" die Monaden gleichsam dem entfernten Widerhall einer gewaltigen Welt. Das Bewußtwerden der angeborenen Ideen beginnt mit einem „unausdrückbaren Etwas", d. h. einem integralen, zusammenhängenden Erleben des Weltalls. Ontologisch erlebt jede Monade diesen Zustand als Anfangsetappe ihrer Entwicklung bis zur Etappe des deutlichen, sinnlichen Selbstbewußtseins. In der Erkenntnis ist das erst die Anfangsetappe der gnoseologischen Tätigkeit des Menschen in seiner frühen Kindheit, aber darin besteht auch das Erkenntnisverfahren, ohne das er im Laufe seines ganzen Lebens nicht auskommt. Gerade die trüben Perzeptionen verknüpfen das Mechanische und das qualitativ mannigfaltige Sinnliche des Weltbildes [*4*, S. 10f.]. Sie sind auch für den entwickelten theoretischen Verstand von

Wert, indem sie ihn an seinen Zusammenhang mit der grenzenlosen Welt, mit der unendlichen Vielfalt und der Unerschöpflichkeit derselben erinnern: ihr schwaches „Rascheln" und dumpfes „Rauschen" spielen gleichsam jene Rolle, welche für die Astrophysik unserer Tage die kosmischen Strahlungen spielen, die Informationen über außerordentlich frühe Zustände des Weltgebäudes bringen.

Überhaupt, je „ferner" in dem mechanisch-geometrischen Schema der Welt vom „Gesichtspunkt" einer bestimmten Monade aus eine Erscheinung dargestellt wird, umso undeutlicher und trüber nimmt sie diese wahr [*15*,*2*, S. 451]. Außerdem formuliert Leibniz ein allgemeines Gesetz: die niedrigeren Monaden können nur undeutlich und trübe die höheren, d. h. entwickelteren Monaden wahrnehmen, falls sie diese nicht in ihrer Entwicklung überholen.

In diesem Zusammenhang erweist sich in Leibniz' Erkenntnistheorie der Begriff „trübes Wissen", d. h. Wissen über wenig Bestimmtes und überhaupt Wissen im Sinne der *relativen Wahrheit*, als gerechtfertigt, welcher vor ihm vom klassischen Rationalismus des 17. Jh. nicht verwendet wurde. Indessen spielt dieser Begriff im System der Leibnizschen Ansichten eine bedeutende Rolle. Unvollständigkeit des Wissens zeichnet nicht nur trübe, sondern auch deutlichere sinnliche Wahrnehmungen aus. Jedoch sind auch die trüben Wahrnehmungen eine notwendige Stufe auf dem Weg zur klaren theoretischen Erkenntnis. Eine wesentliche Rolle schreibt Leibniz dem wahrscheinlichen und dem hypothetischen Wissen zu, wenn auch strenges, logisches Wissen ohne Zweifel wertvoller ist: Hypothesen müssen so lange als wahr gelten, so lange nicht ihre Falschheit bewiesen werden kann. Ihre Wahrheit ist bis zu diesem Beweis nicht unbedingt, wenngleich sie sich auch später als solche erweisen kann. Leibniz betont – und darin folgt er Bacon – die Bedeutung solcher Tatsachen, die in der Lage sind, Thesen zu widerlegen, welche vorher unumstritten galten.

Welcherart ist jedoch das Wahrheitskriterium unseres Wissens? Der Philosoph gelangte zu dem Schluß, daß das Descartessche Kriterium (wahr ist, was im Denken deutlich erkannt wird) unzureichend ist [*3*, S. 204; *14* (A) IV, S. 328] und nur auf die allgemeine Tendenz des gnoseologischen Prozesses verweist: den Weg vom Trüben zum Deutlichen, vom Unklaren zum Klaren. Auch die Angeborenheit als Merkmal der Idee kann nicht das gesuchte Kriterium sein, da *alle* Ideen angeboren sind. Außerdem sind „Deutlichkeit", „Klarheit" und ihnen nahestehende Begriffe nicht identisch: eine klare Idee kann auch eine nicht sehr deutliche Idee sein [*4*, S. 272]. Vieles von dem, über das wir eine klare und deutliche Vorstellung haben, erscheint nur so, da sinnliche Kriterien überhaupt unzuverlässig und unzureichend sind. Die Sinne können die notwendigen Wahrheiten (d. h. die des Verstandes) „anregen, rechtfertigen und bestätigen, aber nicht ihre unfehlbare und immer währende Gewißheit beweisen" [*4*, S. 47]. Zu den sinnlichen Kriterien müssen die logischen Regeln hinzukommen [*3*, S. 210]. Nicht ohne Grund sind „Merkmal der Existenz – die übereinstimmenden Gefühle" [*8*, S. 33; vgl. *4*, S. 364f.].

In den 1684 niedergeschriebenen „Überlegungen über die Erkenntnis, die

Wahrheit und die Ideen" [vgl. 3, S. 204–212] wurde ein Merkmalsschema der wahren Ideen aufgestellt (vgl. Abbildung 4), das auf dem Wege der formallogischen Dichotomie konstruiert wurde [3, S. 204]; es widerspiegelt den Prozeß und zum Teil das Verfahren des Aufsteigens zu immer wahreren Ideen. Dadurch wird eine Gradation der Charakteristiken der wahren Idee gebildet, in der rationale Charakteristiken die sinnlichen ablösen. Analog zu der Art, wie die niedrigeren Monaden nur trübe die Gestalt der höheren erkennen, wachsen die niedrigeren Niveaus nicht in die höheren hinüber, sondern dienen gleichsam als Piedestal: wie später bei Hegel wird die rationale Erkenntnisetappe auf die sinnliche „superponiert", sie nährt sich jedoch nicht von ihren „Säften". Die Intuition erwächst bei Leibniz aus der rationalen Etappe. Im Unterschied zu Descartes' Intuition gehört die Selbstevidenz der Idee bereits nicht mehr zu den Eigenschaften der Intuition.

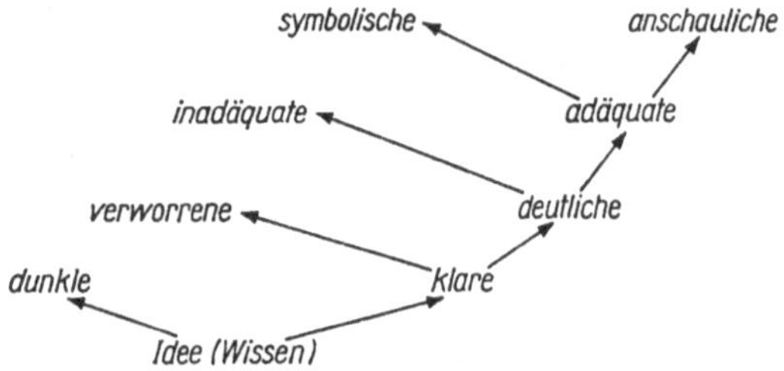


Abb. 4

Unter einer „dunklen Idee" verstand Leibniz verworrene Vorstellungen, die so undeutlich sind, daß der Verstand nicht in der Lage ist, über ihre Vereinbarkeit oder Nichtvereinbarkeit zu urteilen [*4*, S. 457f.]. Eine „klare" Idee besitzt dagegen Helligkeit und Unterscheidungsvermögen, d. h. Intensität der wahrgenommenen Eigenschaften [*15,2*, S. 124] und Offensichtlichkeit, d. h. unmittelbare Glaubwürdigkeit, zu der die Sinnlichkeit fähig ist [*4*, S. 534f.], aber die Bestimmtheit ihres Inhalts ist nicht groß, da sie nur erlaubt, das Ding zu erkennen [*3*, S. 205]. Eine „verworrene" (trübe) Idee besitzt ebenfalls Klarheit (Helligkeit), sie erlaubt jedoch nicht, im Verstand alle ihre Merkmale deutlich aufzuzählen [*3*, S. 205; *15,2*, S. 168]. Das sind z. B. die Empfindungen starker aber schwer bestimmbarer Gerüche und gemischter Farben. Als Beispiel für eine „trübe Idee" führt Leibniz auch unbestimmte Begriffe an, die zu der Annahme führen, daß gerade an diesem Punkt des Schemas der Übergang von den sinnlichen Ideen zu den rationalen, von der „passiven" Erkenntnis zur aktiven zu suchen ist. Die „deutlichen" Ideen enthalten streng aufzählbare Merkmale, die es erlauben, den Begriff eines Gegenstandes zu erhalten, der diesen scharf von anderen Gegenständen unterscheidet.

„Deutliche Erkenntnis hat Stufen" [*15,2*, S. 168]. Will man die höheren von ihnen erreichen, so ist eine weitere Einteilung der Ideen erforderlich. Man muß die „inadäquaten Ideen" aussondern, in denen eine strenge Aufzählung aller

Merkmale des Gegenstandes nicht zu erreichen war und die von uns in verworrener, nur unvollständiger Form erkannt werden. Dafür besitzen wir in der „adäquaten" Idee die volle Erkenntnis in dem Sinne, daß die Analyse der von uns deutlich erkannten Merkmale, zum Beispiel einer bestimmten Zahl, bis zum Erfassen und zur Formulierung eines jeden von ihnen führt [3, S. 206; *4*, S. 287]. Adäquate Erkenntnis besitzt nach Ansicht des Philosophen Allgemeingültigkeit, strenge Klarheit und das Bestreben zur Aufdeckung der Möglichkeiten der Dinge, d. h. der Dispositionen ihrer Entwicklung. Sie teilt sich in zwei Arten, von denen die erste es mit „symbolischen" Ideen zu tun hat, und die zweite mit „anschaulichen" Ideen (im Sinne der rationalen Intuition) bezeichnet wird.

Unter den ersten muß man das Denken in Schlußfolgerungen, Urteilen und Begriffen verstehen, die mit Symbolen bezeichnet werden. Mit anderen Worten, es geht um das *Operieren mit Symbolen.* Leibniz, dem die wichtige Rolle der Zeichen in der Erkenntnis wohl bekannt war, macht Locke und sogar Descartes den Vorwurf der Unterschätzung der formalen Logik. Er tritt jedoch gegen ihre Verabsolutierung auf, wenn man sie anwendet, ohne von „blinden" Symbolen zu inhaltlichen Interpretationen überzugehen. Die symbolische Erkenntnis verwirklicht die Zeichenfixierung der Merkmale, die Konnotation der Termini in den Begriffen und das Operieren mit ihnen nach den Gesetzen und Regeln der Logik; sie verliert aber dabei unvermeidlich an Anschaulichkeit, die allerdings durchaus nicht mit tiefer Erkenntnis identisch ist. Aber die symbolische Erkenntnis muß durch Interpretation gekrönt werden, und die Quellen ihrer Klarheit bestehen in der intuitiven Erkenntnis. „Den primären deutlichen Begriff können wir nur intuitiv erkennen, dagegen komplizierte Begriffe größtenteils nur symbolisch" [3, S. 207].

Unter der zweiten, der intuitiven Erkenntnis, muß man jene Erkenntnis verstehen, bei der wir gleichzeitig alle Merkmale denken, die einen bestimmten Gegenstand ausmachen [*15*,*2*, S. 170]. Rationale Intuition bzw. Anschauung – das ist gleichsam die „Monade" aller rationalen Beweise, die alle Prädikate des Gegenstands auf deutlichste und klarste Weise im Subjekt enthält. Diese höchste Stufe der Erkenntnis erlaubt uns, aktuell allgemeine rationale Wahrheiten zu erfassen, die unbestritten und offensichtlich sind, wie jeder selbstidentische Satz evident ist, gemäß $S = P$ [*15*,*2*, S. 127]. Leibniz vervollkommnete Descartes' Lehre von der Intuition: die Charakteristiken der rechten Glieder der Dichotomie in dem oben angeführten Schema skizzieren die Struktur dieses Begriffs und weisen andererseits auf die hinsichtlich der Intuition untergeordneten Kriterien der tieferliegenden Stufen des Wissens hin. In diesem Zusammenhang wird [*4*, S. 518] die Anwendung des intuitiven Kriteriums auch auf Behauptungen empirischen Charakters zugelassen. Intuitive Erkenntnis ist nach Leibniz nicht ursprünglich, wenn sie auch Anfangspunkte der rationalen Erkenntnis in den Symbolen aufzufinden erlaubt, sondern ist selbst das Ergebnis einer langen vorausgehenden gnoseologischen Tätigkeit, die letztlich intuitive Wahrheiten aus dem potentiellen verborgenen Zustand in den aktuellen überführt.

Diese Tätigkeit erfolgt mit Hilfe des diskursiven Denkens, das die Gesetze der Logik streng beachtet und die Voraussagekraft unseres Wissens gewährleistet. Nicht selten wird gesagt, oberstes Wahrheitskriterium bei Leibniz sei der formal-logische Satz vom Widerspruch [vgl. *4*, S. 41]. In diesem Kontext kann man es als Forderung betrachten, nur das als zuverlässig wahr anzusehen, dessen Gegenteil logisch widersprüchlich und folglich falsch ist. Auf diesem Gesetz, das im Bereich des Verstandes funktioniert [*19*, S. 454], beruhen die Beweise durch reductio ad absurdum, die mit voller Zuverlässigkeit wirken. In der Tat ist bei Leibniz die Intuition gerade deshalb selbstevident, weil dieses Gesetz, das mit dem Identitätssatz zusammenhängt, in ihr allumfassend zutagetritt.

Aber wirkt nach Leibniz dieses Gesetz im ganzen Erkenntnisbereich umfassend? Dagegen spricht, daß er die Existenz des trüben und annähernden Wissens sowie auch des Wissens über Wahrscheinliches [*4*, S. 433f.]. anerkennt, in dem dieses Gesetz, wie überhaupt auf der sinnlichen Ebene, nicht völlig definitiv zutagetreten kann. Entsprechend der gnoseologischen Zielstellung seiner Theorie zeigt Leibniz, daß man keinerlei Wahrheit verschmähen darf [vgl. *4*, S. 428f.].

Die Logik des Wahrscheinlichen muß auf der Logik des Notwendigen basieren [*4*, S. 562, 560f.], denn die Aussagen über die Möglichkeit des Seins der Dinge müssen nach Leibniz aus der „Natur der Dinge" folgen. Das erfordert natürlich die Anwendung logischer Gesetze, aber auf dem Niveau der Beobachtungen und Konstatierungen bilden sie kaum eine zureichende Wahrheitsbedingung der zu bildenden Behauptungen und Prognosen. Andererseits spricht zugunsten der Allgemeingültigkeit des Identitäts-Widerspruchs-Satzes als eines Gesetzes, das die Erlangung der Wahrheit regelt, die Tatsache, daß für Leibniz in allen Fällen Urteile entweder wahr oder falsch sind. Er ist von der Allgemeingültigkeit der zweiwertigen Logik überzeugt.

Die Anwendung des Prinzips der Identität und der Widerspruchsfreiheit als Wahrheitskriterium war ein Fortschritt im Vergleich zu dem vorausgegangenen Rationalismus der Mitte des 17. Jh. „Leibniz", schrieb V. Karinskij, „ersetzt den weniger bestimmten cartesianischen Begriff vom klaren und deutlichen Wissen durch die in jedem Falle strengere Forderung nach dem notwendigen Zusammenhang zwischen Subjekt und Prädikat spekulativer Wahrheiten" [*24*, S. 99]. Aber hier muß man hervorheben, daß das Prinzip von Identität und Widerspruchsfreiheit, genau genommen, bei Leibniz nicht das höchste logische Prinzip ist. Bei der Untersuchung seiner Methode sahen wir, daß dieses Prinzip vom Prinzip des zureichenden Grundes abgeleitet wird, und das geschieht auch dann, wenn diese Prinzipien als Wahrheitskriterien auftreten [vgl. *15,2*, S. 428, 443; 17, sect. 11–16]. Der Satz vom zureichenden Grunde führt jedoch bei allgemeiner Anwendung zu beliebigen Resultaten: es gelingt nicht, den endgültigen zureichenden Grund aller Wahrheiten definitiv zu charakterisieren, man muß zu einer „göttlichen Lösung" greifen, die zu nichts verpflichtet [vgl. *15,1*, S. 146ff, 171ff.].

Diese Schwierigkeit überwand Leibniz, indem er den Satz vom zureichenden

Grunde mit der Forderung nach formal-logischer Widerspruchsfreiheit verband. Mit dieser Forderung stimmt Leibniz' spontane Dialektik voll überein. Das Prinzip der allgemeinen Harmonie erhält manchmal bei ihm die Form einer These von der logisch widerspruchsfreien Erkenntnis der Welt in der Form der stufenweise vermittelten Übergänge [vgl. *4*, S. 13f., 571, 573] und Kontraste (Polaritäten, Widersprüche). Diese Harmonie von Dialektik und formaler Logik war eine der größten Errungenschaften des großen Denkers, doch fand sie bei einem anderen großen Dialektiker, bei Hegel, keine volle Anerkennung.

Der Satz vom Widerspruch, der Identitätssatz und der Satz vom zureichenden Grund erfüllen ihre gnoseologische Rolle in Leibniz' System, indem sie mit dem Prinzip der allgemeinen Unterschiede (was sich z. B. im Prinzip „Maximum-Minimum" zeigte), mit dem der Einfachheit und mit anderen Prinzipien Kombinationen eingehen. Übrigens verfolgte bereits die Verschmelzung der zwei Sätze – des Satzes vom Widerspruch und des Identitätssatzes – zu einem einzigen das Ziel einer gnoseologischen Vereinfachung. Dadurch wurde das Kriterium der Widerspruchsfreiheit (dem entsprechend ein Urteil, in dem S und P identisch sind, wahr ist, da es widerspruchsfrei ist) zu einem Kriterium der Identität (dem entsprechend die Widerspruchsfreiheit dieses Urteils die Folge der Identität der in ihm enthaltenen *S* und *P* ist). Als höchstes Wahrheitskriterium erweist sich somit das Identitätsprinzip [*17*, S. 187]. Dieses Prinzip ist intuitiv, folglich erweist sich die rationale Intuition als ein solches Kriterium. Der Inhalt des Erkenntnissubjekts ist mit dem Erkenntnisobjekt identisch; letzteres muß *analytisch* aus dem Subjekt folgen. Eine Bemerkung über den analytischen Charakter der Erkenntnis ist wesentlich: er befreit die Descartessche Intuition vom Psychologismus und gibt ihr einen strengen logischen Charakter.

## Arten der Wahrheit

Betrachten wir nun Leibniz' Lehre von der Klassifikation der Wahrheiten. Wir wissen, daß er die Angeborenheit der gesamten Erkenntnis behauptet, das ist, hat man den logischen Charakter des Prozesses der Wissensentstehung im Auge, gleichbedeutend mit Apriorismus. Die ganze Welt kann – wenn auch in der Möglichkeit – a priori erkannt werden. Der Übergang dieser Möglichkeit in die Wirklichkeit ist der unendliche Prozeß der Aufdeckung der Prädikate im Inhalt der Subjekte der Urteile. In jedem gegebenen Moment befinden sich die verschiedenen Monaden (Persönlichkeits-Subjekte) auf verschiedenen von ihnen erreichten Stufen dieses Prozesses. Ein und dieselbe Monade kann in unterschiedlichen Momenten ihres Lebens nicht auf dem früheren Niveau verbleiben. Ziel ihres Strebens sind solche Urteile, in denen sie die in ihnen vorhandene Identität von Subjekten und Prädikaten begreift und sich damit Elemente der absoluten Wahrheit aneignet.

Im Unterschied zum genetischen Schema des allmählichen Aufsteigens von der

Lüge (der kleinsten Wahrheit der verworrenen Erkenntnis) zur Wahrheit (der größten Wahrheit der intuitiven Erkenntnis) kann man ein logisches Schema konstruieren (Abbildung 5), in dem wir von dem Begriff „Wahrheit allgemein" zu ihren speziellen Arten herabsteigen. Als allgemeine Bestimmung der Wahrheit setzt Leibniz [*4*, S. 466ff.] die Übereinstimmung eines Urteils mit der aktuellen oder möglichen Wirklichkeit. Durch den Rationalismus erscheint diese Übereinstimmung als Identität von Subjekt und Prädikat im Urteil selbst. Infolge der aprioristischen Interpretation der Wahrheit überhaupt als Gesamtheit der allgemeinsten Wahrheiten werden andere Wahrheitsarten deduktiv abgeleitet.

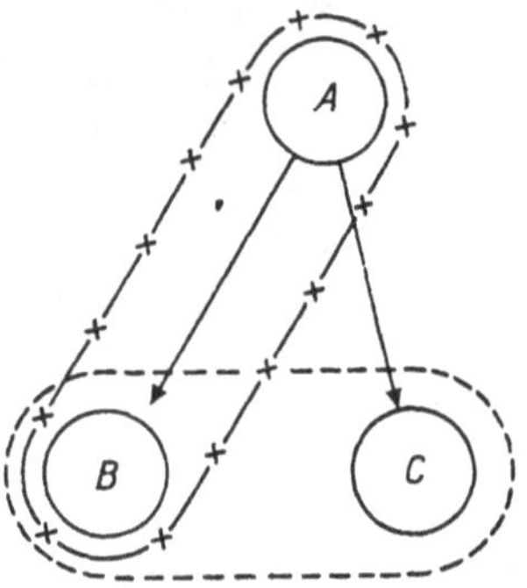


Abb. 5

Hier bezeichnet *A* – die logischen Ausgangswahrheiten, die „unmittelbaren Axiome". Sie bilden den Inhalt des absoluten Denkens der Welt der Wesenheiten, die in der logischen Struktur aller möglichen Welten fixiert ist. Folglich handelt es sich hier um notwendige, allgemeine, ewige Wesenswahrheiten. Ein Teil von ihnen ist im menschlichen Denken angelegt und tritt im Prozeß der geistigen Entwicklung des Menschen zutage. Im genetischen Schema entsprechen ihnen die „intuitiven" (anschaulichen) Ideen.

*B* – bezeichnet die abgeleiteten logischen Wahrheiten, Leibniz nennt sie „sekundäre Axiome" [*4*, S. 482]. Der Theoretiker leitet sie aus den Wahrheiten *A* ab; im genetischen Schema entsprechen ihnen die „symbolischen Ideen", mit denen Mathematiker, Physiker usw. operieren.

Komplizierter ist es mit den Wahrheiten der Art *C*. Das sind Wahrheiten der Tatsachen in der Welt der Erscheinungen (verités des faits), unterschiedliche gegenständliche Konstatierungen und Beschreibungen [*4*, S. 437]. Vom Gesichtspunkt der Empirie müssen dies Ausgangswahrheiten, „ursprüngliche Tatsachen-Wahrheiten" sein [*4*, S. 425]; die Axiome müssen aus ihnen durch induktive Verallgemeinerungen folgen. Aber Leibniz bestreitet das und betrachtet als Rationalist einzelne und spezielle, zufällige und vorübergehende Tatsachen nur als „Beispiele" und „Proben" [*4*, S. 4], als Anlässe zum Begreifen und Formulieren allgemeiner Behauptungen, so daß letztere, folgt man streng der Leibnizschen Logik, von den Tatsachenwahrheiten nicht abhängen [4, S. 491], wenn auch diese

Wahrheiten das Denken auf die Erkenntnis des Allgemeinen lenken [*4*, S. 491]. Um streng das Prinzip der Ontologisierung der Wahrheiten zu realisieren, mußte er behaupten, daß die Tatsachenwahrheiten von den Vernunftswahrheiten abhängig sind und von ihnen erzeugt werden.

Wie weit unterlag diese Ansicht von der Selbständigkeit der „Wahrheiten der Vernunft", d. h. der Wahrheiten der Arten *A* und *B*, einem Irrtum? Die Analyse zeigt, daß in ihr trotz des idealistischen Charakters dieser Ansicht auch ein rationeller Kern enthalten ist.

Betrachten wir seinen Standpunkt genauer: Unter den „Vernunftswahrheiten" (verités des raison) spielen die Ausgangswahrheiten *A* die führende Rolle, d. h. die selbstidentischen Behauptungen vom Typ „jedes Ding ist das, was es ist", „ein gleichseitiges Rechteck ist ein Rechteck", „das existierende Wesen existiert", „das vernünftige Wesen ist ein Wesen" u. a. Zu ihnen gehören die logischen Behauptungen, die man später „Tautologien" zu nennen begann, Wahrheiten der Mathematik usw. Alle diese Wahrheiten beruhen auf dem *Prinzip der Identität* [*4*, S. 49ff., 420; *15,2*, S. 443]. Sie werden durch Analyse des Inhalts des Subjekts eines Satzes gewonnen, mit dem sein Prädikat übereinstimmte oder in dem implizit das Prädikat bereits enthalten war, so daß es sich um *analytische* Wahrheiten handelt. Sie folgen unmittelbar aus der ontologischen Struktur der Welt, entsprechend der die Monade mit der Gesamtheit aller ihrer Eigenschaften und Zustände identisch ist, sie enthalten die Gesetze des Weltalls [*4*, S. 537] und dienen „zur Verknüpfung von Ideen" bei seiner Erkenntnis [*4*, S. 544].

Die Ableitung der Wahrheiten B von den Wahrheiten A steht laut Definition [*14*, (A) VI, S. 491ff.] außer Zweifel. Sie werden deduktiv von den Ausgangswahrheiten auf Grund des formal-logischen *Satzes vom Widerspruch* [*15,2*, S. 443] abgeleitet und sind, ebenso wie die ersteren, Wahrheiten in allen möglichen Welten und folglich auch in unserer. Indem sie die ganze Sphäre des Möglichen erfassen, sind sie notwendig: „Die möglichen Wahrheiten sind wahr, und die unmöglichen falsch" [*4*, S. 290].

Die Anwendung der Wahrheiten B auf unsere reale Welt erzeugt Urteile, die aus Realdefinitionen abgeleitet sind und jene Teilklasse von Sätzen bilden, die aus Nominaldefinitionen abgeleitet werden; für diesen Teil ist charakteristisch, daß ein Gegenstand, der definiert wird, möglich ist [*4*, S. 325]. Das sind Urteile wie „ein Ding ist nicht das, was nicht dieses Ding ist", „ein reales Wesen ist kein nichtreales Wesen, das vermeintlich ist", „Süßes ist nicht Bitteres", „warm ist keine Farbe". Das letzte Beispiel ist besonders instruktiv als Anwendungsprodukt des Satzes vom Widerspruch auf *Begriffe* der Sinnlichkeit, auf deren Basis Wahrheiten der Art *C* entstehen, so daß man sogar sagen kann, daß dies ein Anwendungsprodukt dieses Satzes auf die Wahrheiten *C* mit Bedingungscharakter ist: „*Wenn* ‚Wärme' ist und *wenn* ‚Farbe' ist, dann ist Wärme keine Farbe" u. dgl. m.

Aber das zeugt noch nicht davon, daß die Wahrheiten *C* selbst ihrem Inhalt nach von den „Vernunftwahrheiten" abhängen, d. h. von den Wahrheiten der

Art *A* und *B*, wenn auch klar sein dürfte, daß die Formulierung der Wahrheiten *C* unbedingt die Befolgung der einfachsten logischen Strukturen voraussetzt. Sagen, daß „dies Warmes ist", kann man nur unter Verwendung einer Subjekt-Prädikat-Struktur, indem man in diesem Falle „dies" mit „Warmes" identifiziert usw. Nicht ohne Grund können überhaupt, „die Sinne allein . . . uns . . . ohne Hilfe der Vernunft nicht von der Existenz sinnlicher Dinge überzeugen" [*4*, S. 106], und die Frage nach der Wahrheit oder Falschheit der Empfindungen ergibt sich nur auf der Stufe der Existenzial*urteile* über empfindbare Eigenschaften und wahrnehmbare Dinge. Auch darin hat Leibniz recht.

Wahrheiten der Art C charakterisierte Leibniz als dem Inhalt nach außerlogisch und „zufällig" (in dem Sinne, daß das ihnen Entgegengesetzte nicht den Satz vom Widerspruch verletzt und folglich „möglich" ist). Die Wahrheiten *C* erfassen die Sphäre der Erscheinungen der Monaden in unserer real existierenden Welt, berühren aber nicht die Existenz logischer Wahrheiten, möglicher Welten (die gerade in der Sphäre der logischen Möglichkeit existieren) und die Existenz Gottes. Als Grundlage für die Tatsachenwahrheiten dient der *Satz vom zureichenden Grunde*: denn die Konstatierung sinnlich wahrnehmbarer Erscheinungen bedarf stets der Begründung durch die entsprechenden Wahrnehmungen.

Die Behauptung von der Selbständigkeit der „Vernunftwahrheiten" begründete Leibniz in vielen mit der traditionell rationalistischen Kritik der sinnlichen Erkenntnis. Die Erkenntnis sinnlich wahrnehmbarer Tatsachen ist oft unzuverlässig, „bedingt", ohne absolute Sicherheit [*4*, S. 488, 534], denn die Tatsachen selbst sind „zufällig". Würden wir uns nur auf die sinnlichen Wahrnehmungen stützen, könnten wir in weitgehende Irrtümer geraten [*4*, S. 543], die uns mit niedrigeren Monaden, als wir es sind, gleichstellen würden. Zu diesem Ergebnis führt auch die Orientierung auf Wissen, das durch induktive Verallgemeinerungen erhalten wird, welche ebenfalls keine absolute Zuverlässigkeit besitzen. Deshalb sucht Leibniz die Quelle einer solchen in der Vernunft selbst, in ihren logischen Konstruktionen, eine Sphäre, die hinsichtlich der Tatsachen der außerlogischen Empirie selbständig sein würde.

Wir werten Leibniz' Suchen folgendermaßen: Wenn nur ein einziges logisches System möglich wäre (die zweiwertige Logik und dabei die Subjekt-Prädikat-Logik), würde in diesem Falle aus den Prämissen seines Rationalismus folgen, daß dieses System und seine Folgerungen ein unmittelbarer Abdruck der Struktur der Wirklichkeit sind, so daß Wahrheiten der Arten *A* und *B* selbständig sind und nicht von den Tatsachenwahrheiten abhängen. Vom Standpunkt des dialektischen Materialismus ist die Unabhängigkeit der zweiwertigen Logik von der Struktur der empirischen Wirklichkeit und ihrer Erkenntnis illusorisch, aber in der Behauptung vom Zusammenfallen der Struktur der Logik und der Struktur der Welt ist ein nicht geringer Teil Wahrheit enthalten. W. I. Lenin schrieb, daß „die logischen Formen und Gesetze keine leere Hülle, sondern Widerspiegelung der objektiven Welt sind . . .". „Die gewöhnlichsten logischen Figuren . . . sind schulmäßig breitgewalzt, sit venid verbo – die gewöhnlichsten Beziehungen der Dinge." [2, 38, S. 170, 167–168] Mit dieser Frage sind bei Leibniz die Probleme der Universalität der formalen Logik verknüpft.[20]

Wenn man jedoch von dem engen Postulat der Universalität der zweiwertigen Logik abgeht und anerkennt, daß der Theoretiker das Recht hat, verschiedene logische Kalküle und Systeme zu konstruieren, dann bricht das Leibnizsche Gebäude des Rationalismus endgültig zusammen. Man muß jedoch anerkennen, daß er in gewisser Weise recht hatte, wenn er die Unabhängigkeit der Wahrheiten von empirischen Tatsachen behauptete. Aber nur „in gewisser Weise", da die praktische Annahme und Verbindlichkeit eines logischen Systems von seiner Interpretation im Bereich der Tatsachen abhängt. Das von den modernen Wissenschaftlern praktizierte „Einbetten" mehrwertiger Logiken in die zweiwertige beweist ihre Abhängigkeit von der Struktur unserer Welt, deren Folge sowohl die zu beobachtenden Tatsachen als auch die von uns formuliert werdenden Tatsachenwahrheiten sind.

Über Leibniz' Bestreben, die Tatsachenwahrheiten als Ableitungen von Wahrheiten der Arten A und B zu interpretieren, ist folgendes zu sagen: Völlig natürlich für seinen Rationalismus realisierte er dieses Streben auf Grund folgender Prämissen: (1) umfassende logische Interpretation des Satzes vom zureichenden Grund, (2) Betonung der prinzipiellen Unerschöpflichkeit des im Prinzip angeborenen Inhalts unseres Bewußtseins und (3) die Möglichkeit des streng logischen Ausdrucks jeder Wahrheit aus dem Bereich der Tatsachen.

Aus dem Satz vom zureichenden Grund in seiner umfassenden Interpretation folgt, daß letztlich alle Wahrheiten rational miteinander verknüpft sind, darunter auch Tatsachenwahrheiten. Das Ideal der Systemerkenntnis erhielt bei Leibniz Ausdruck in Form des Postulats einer prinzipiellen, wenn auch für den Menschen nicht erreichbaren, Ableitbarkeit der Tatsachenwahrheiten aus der unendlich vollständigen Klasse der ursprünglichen Axiome [4, S. 482]. Übrigens tritt dieses Motiv bereits bei Descartes zumindest hinsichtlich der klarsten und deutlichsten

[20] Es besteht die Ansicht, daß „Kant ... der Wahrheit bei der Wertung der Universalität der formalen Logik näher war als Leibniz und Hegel" [56, S. 111]. Dem kann man schwerlich zustimmen. Bei Leibniz hängen 1) die Denkgesetze nicht von einem Teilbereich der zu untersuchenden Gegenstände ab und wirken unveränderlich in jedem von ihnen, aber 2) die Struktur der allgemeinen Zusammenhänge und Beziehungen zwischen realen Gegenständen beliebiger Art ist mit der Struktur der Denkgesetze identisch, und als Folge hieraus kann 3) aus der Denkstruktur inhaltliches Wissen über die Welt abgeleitet werden. Es wäre falsch anzunehmen, mit der Ablehnung der ersten These würde der Leibnizsche Rationalismus zerstört. Denn die Modifizierung der Gesetze der Logik durch die Besonderheiten des zu untersuchenden Gegenstandbereiches kann als Abhängigkeit dieses Bereiches selbst von besonderen logischen Gesetzen interpretiert werden, die bei ihrer gemeinsamen früheren Beschreibung nicht berücksichtigt wurden. Im wesentlichen verwendet Leibniz selbst eine derartige Interpretation, wenn er über die Modalitäten schreibt. Was die erste These betrifft, so gab es in ihr einen rationalen Gehalt in dem Sinne, daß eine Reihe verschiedener physischer Welten mit ein und denselben Gesetzen der Logik möglich ist.

sinnlichen Ideen auf, wenn auch sein ontologischer Dualismus in Widerspruch zum gnoseologischen Monismus seiner Lehre von den angeborenen Ideen geriet. Die Angeborenheit des sinnlichen Wissens ist für die Monaden nicht selbstevident, aber für Leibniz gilt, „wenn wir sie aus unserem Geiste entnehmen können" (d. h. irgendeine abgeleitete Wahrheit – *I. N.*), „dann ist sie angeboren" [vgl. *4*, S. 44].

Der Begriff „aus dem Geist entnehmen" ist wenig bestimmt: einerseits ist er bis zur Trivialität unbestreitbar, wenn man ihn als Tatsache der Unmittelbarkeit interpretiert, mit der wir jede sinnlich wahrnehmbare Tatsache erleben; andererseits gibt er in entstellt idealistischer und vereinfachter Form die Tatsache der Widerspiegelung der Einheit der Welt durch uns und die Tatsache der Einheit unserer Erkenntnis wieder. Beweis dafür, daß Leibniz in dieser Frage recht hat, kann natürlich weder sein Verweis darauf sein, daß den Tatsachenwahrheiten das Merkmal der „moralischen" Notwendigkeit in dem Sinne zukommt, daß Gott gleichsam moralisch verpflichtet ist, eben diese und keine andere Welt der Tatsachen zu wählen, noch seine Erwägung, daß die Tatsachen vergangener Zeiten ihre sinnliche Realität verlieren und zu gedachten Elementen des logisch verknüpften Systems der historischen Beschreibung werden, deren Richtigkeit zudem durch den Verweis auf die logische Übereinstimmung der Ansichten der Augenzeugen jener Ereignisse erst bestätigt wird.

Die sich bei Leibniz definitiv abzeichnende Tendenz zur „Absorption" der Tatsachenwahrheiten durch logische Wahrheiten führte in seinen Ansichten zur Bildung eines gleichsam *esoterischen* Systems, dessen Hauptfolgerungen Leibniz in seine gedruckten Arbeiten in abgeschlossener Form niemals aufgenommen hat. Der Unterschied dieses Systems zu dem oben untersuchten wird durch den Unterschied zwischen der „menschlichen" Erkenntnistheorie, in der Leibniz auch den Empirismus entsprechend berücksichtigte, und der Erkenntnistheorie der idealen, vollkommenen Vernunft bestimmt.

# KAPITEL VIII

# Von der Monadologie zum Panlogismus

## Das System des Panlogismus

Der Leibnizsche Satz vom zureichenden Grund führt nicht nur zur Anerkennung der allgemeinen Bedeutung der formalen Logik, sondern auch zu panlogischen Folgerungen; er spielt die Rolle des Metaprinzips, das die ontologischen Funktionen der Logik ordnet. Die ganze Wirklichkeit besitzt logischen Charakter; der analytische Charakter der höchsten Wahrheiten, von denen im Prinzip alle übrigen abgeleitet sind, führt dazu, daß das Ideal der Analyse als Ableitung (des Prädikats aus dem Subjekt, der einen Behauptung aus anderen, von Urteilen über Tatsachen aus Urteilen über Begriffe, von wissenschaftlichen Theorien der empirischen Welt aus einer philosophischen Theorie der Welt der Monaden) nicht nur Grundlage des ganzen Wissenssystems, sondern auch zur Basis der ontologischen Struktur der Welt wird: Eigenschaften, Zustände und Ereignisse müssen ebenso aus Substanzen abgeleitet werden, in denen sie virtuell enthalten sind, wie die Prädikate aus den Subjekten der Urteile abgeleitet werden müssen [*19*, S. 441f.]. Fehler können auf diesem Ableitungsweg nur durch „Interpretation" entstehen – durch Verwirren kleiner Perzeptionen, die zu trübe sind, um genau untersucht werden zu können, sie resultieren aus falscher Interpretation genauerer Perzeptionen und der sie bezeichnenden Symbole usw. Ihrer logischen Struktur nach sind Fehler Widersprüche, während alle logischen Widersprüche Fehler sind. Das ist eines von Leibniz' wichtigen Prinzipien.

Somit sind alle Wahrheiten letztlich logische Tautologien, da „der Terminus Subjekt stets den Terminus Prädikat einschließen muß" [*15,2*, S. 150], „und eben darin besteht überhaupt das Wesen der Wahrheit oder die Vereinigung der Ausdrücke einer Aussage" [*19*, S. 439]. Folglich muß in jedem wahren, *vollständigen* Begriff, darunter auch im empirischen, in verborgener Form die ganze vergangene und zukünftige Geschichte des Objekts dieses Begriffs enthalten sein. „Der individuelle Begriff jeder Person schließt in sich ein für allemal alles ein, was ihr jemals begegnen wird" [Brief an A. Arnauld vom Juni 1686, zit. nach: *15,2*, S. 190; vgl. *19*, S. 426]; dem entspricht ontologisch, daß „das Gegenwärtige folgenschwer für das Zukünftige ist" [*15,2*, S. 431, 440]. Zum Beispiel muß der wahre Begriff „Sokrates" im Prinzip derart beschaffen sein, daß in ihm die ganze Biographie dieses Menschen angelegt ist und diese durch Analyse abgeleitet werden kann. Somit folgen auf gleichen Grundlagen Behauptungen über Tatsachen und die Tatsachen selbst aus der logischen Struktur der Wirklichkeit.

Darin tritt die *Einfachheit* zutage, die für die Struktur der Welt charakteristisch ist [*15,2*, S. 164]. Sie erlaubt es, alle Handlungen der Natur aus ihren geistigen Urgründen zu erklären. „Beispiele schöpfen die ganze Wahrheit aus dem in ihnen verkörperten Axiom, das Axiom jedoch gründet sich nicht auf Beispielen“ [*4*, S. 539].

Und wenn alle „Beispiele“, d. h. Tatsachen zu logischen Ursprüngen aufsteigen, dann erheben sich zu ihnen auch die metaphysischen Strukturen. Wenn die Tatsachenwahrheiten (*C*) aus den logischen Wahrheiten (*A* und *B*) folgen, dann können auch die metaphysischen Wahrheiten nicht beiseite bleiben. Unter Vorwegnahme der Gedanken Hegels und seines Prinzips des Zusammenfallens von Logischem und Historischem versuchte Leibniz, aber nur in fragmentarischer Form, eine Ableitung der Metaphysik aus der Logik.

In einer Reihe von Fällen interpretiert er die Prinzipien seiner philosophischen Methode als Ergebnis der panlogischen Erklärung der Welt. Das Prinzip der allgemeinen Unterschiede leitet er (in einem ungefähr 1695 geschriebenen Fragment) aus der These über den analytischen Charakter aller Wahrheiten ab, d. h. letztlich aus dem Identitätssatz, nach dem das Fehlen von Unterschieden zum Zusammenfallen aller Sätze über Tatsachen in einem einzigen Satz führen würde [*19*, S. 440]. Das Monadenprinzip und den Satz von der Angeborenheit des Wissens leitet er ebenfalls aus dem Identitätssatz ab, der das Ding der Aufeinanderfolge (dem Programm) seiner Zustände gleichsetzt. Aus dem Prinzip der allgemeinen Unterschiede folgt nach Leibniz sogar solch eine konkrete ontologische Tatsache innerhalb der Erscheinungen wie das Fehlen der Leere, da die Leere des Raumes völlig gleichartige Teile haben müßte [*19*, S. 443f.]. Dieses Schema unterscheidet sich von den oben untersuchten Schemata der Struktur der Methode.

Über Leibniz' Panlogismus sprachen zum ersten Mal mit voller Bestimmtheit Couturat und Russell. L. Couturat (1868–1915) gab im Jahre 1903 die logischen Manuskripte des Philosophen heraus, und B. Russell verfaßte in diesem Zusammenhang eine spezielle Untersuchung. L. Couturat kam zu dem Schluß, daß bei Leibniz eine „Analogie und fast völlige Identität seiner Metaphysik und seiner ‚realen‘ Logik“ vorliege [*37*, S. 279]. Beide Autoren verfielen jedoch der Übertreibung, indem sie annahmen, es gäbe gleichsam „zwei verschiedene“ Philosophen Leibniz. Aber der „zweite“ Leibniz ist die direkte Fortsetzung des „ersten“, was bereits Couturat selbst bemerkte. Aber auch P. S. Popov hat nicht recht, der bei Couturat nur den subjektiven Wunsch sah, Leibniz als „Logizisten“ darzustellen.

Leibniz' Vorhaben war an und für sich imposant: die sinnliche Erfahrung in das Reich des Verstandes einzubeziehen, das Empirische im Rationalen aufzulösen und damit das Ideal zu erreichen, bei dem „alles bewiesen werden kann“ [*9*, S. 73] und die Natur quasi als Produkt der „göttlichen“, d. h. absolut allumfassenden und vollständigen, mathematischen Logik erkannt wird [*37*, S. 256], da für das ganze Weltall „eine einzige Lösung“ existiert [*15,1*, S. 193]. Aber um das zu erreichen, muß man die unendliche Distanz durchlaufen, die uns von der vollständigen Gesamtheit der logischen Wahrheiten trennt, und sie umfassen, d. h. die unendliche Analyse verwirklichen. Das ist um so weniger möglich, da die Monaden nicht imstande sind, einander über ihr Wissen zu informieren. Diese ihrem wirklichen Inhalt nach bei weitem nicht unendliche Ontologie der Monaden, die Leibniz konstruiert hatte, konnte man nicht aus rein logischen Prämissen ableiten; er mußte vieles von dem, was er axiomatisch nennt, insgeheim aus der Empirie entlehnen. Auf die Logik sind weder die biologischen noch die physikalisch-dynamischen Charakteristika der Monaden reduzierbar. Auf die Gesetze der Logik (die Identitäts-Wahrheits-Sätze), d. h. auf Wahrheiten der Art *A*, kann man nicht alle semantischen Behauptungen reduzieren. So geschieht mit Leibniz beinahe das, was mit Spinoza und Hegel geschah. Russells Bemühen, den Leibnizschen Substanzbegriff aus der logischen Beziehung zwischen Subjekt und Prädikat abzuleiten und die ganze Monadologie aus der Urteilslehre, erweist sich als eine Übertreibung.

Panlogische Motive waren in Leibniz' Konstruktionen stets vorhanden, aber sie wurden durch den Unterschied zwischen Wesen und Existenz, Möglichkeit und Wirklichkeit, Logik und Physik, Kalkül und Leben stets eingegrenzt. Dennoch gibt es in den von L. Couturat veröffentlichten Leibnizschen Manuskripten Unterschiede zu dem, was in anderen, früher veröffentlichten Arbeiten geschrieben worden war. Diese Unterschiede bestehen in der schärferen Formulierung der Folgerungen aus dem konsequent durchgeführten Rationalismus.

Letzterer führt zu dem Schluß, daß dem allumfassenden logischen Determinismus selbst Gott als Herr unterworfen ist (eine entsprechende Anspielung war bereits in § 13 des „Discours de metaphysique" [1685, vgl. *15,2,* S. 153] und in der „Theodizee" enthalten, wo die Existenz Gottes aus dem Satz vom zureichenden Grund bewiesen worden war [*6,* S. 128f.]). Aber es zeigt sich, daß Gott auch allen übrigen logischen und methodischen Prinzipien untergeordnet ist: der Satz vom Widerspruch reduziert seine Willensfreiheit auf ein Nichts [*24,* S. 303]; das Prinzip der allgemeinen Unterschiede verbietet, die Monaden ihrer Körperlichkeit zu berauben. Der Jansenist A. Arnauld geriet daher in gottesfürchtigen Schrecken, als Leibniz ihm in einem Brief seine panlogischen Ansichten darlegte.

Weiterhin wird der Satz vom zureichenden Grund in mehr monistischer Form skizziert: seine vier unterschiedlichen Interpretationen (für die Bereiche der „zufälligen" physischen Erscheinungen, die Wesensentfaltung der geistigen Welt der Monaden, das moralisch zu wertende Verhalten der höchsten Monade und für die logische Deduzierung der notwendigen logisch-mathematischen Wahrheiten) werden durch ihre letzte absorbiert. Sie fallen nicht nur in der Sphäre des unendlichen Allwissens zusammen, das „göttliche Vernunft" genannt wird [*19,* S. 428], sie erzeugen sie auch und „ordnen sie sich unter".

Die Unabhängigkeit der Logik von der sinnlichen Erfahrung – eine Idee, die zum Steckenpferd der Neopositivisten wurde [vgl. *47*] – forderte auch ihre

Unabhängigkeit von Gott. Zur höchsten Existenz wurde nicht die göttliche, sondern die logische, wobei alles logisch „Mögliche" *realer* ist als alles das, was von einer ganzen Legion von Logikern konkret erfaßt werden kann, und auch als alles faktisch „Wirkliche". Denn alle möglichen (widerspruchsfreien) logischen Kalküle und Systeme existieren bereits unabhängig davon, ob jemand diese Kalküle und Systeme entdeckt, konstruiert und mit Hilfe von Zeichen aufgeschrieben hat. Folglich gibt es keine „möglichen Welten", sondern es gibt eine unendliche Reihe von Varianten der logischen Welt, und noch genauer, es existiert nur diese *eine* logische Welt als disjunktive Gesamtheit aller in ihr möglichen logischen Konstruktionen. Und wenn die größte Gesamtheit der logisch zu vereinbarenden Objekte monaden-stoffliche Realisierung erhält, so ist das streng notwendig, so daß Gott überhaupt nichts wählen konnte, da er nichts hatte, aus dem auszuwählen war [vgl. *44*, S. 226].

In der Tat kann jenseits der logischen Vereinbarung nur das mit ihm logisch Unzuvereinbarende und folglich Widersprüchliche sein. Konstruktionen, die den Satz vom Widerspruch im Sinne des umfassenden metalogischen Prinzips verletzen, sind logisch unhaltbar und also unmöglich. Folglich gibt es jenseits der einheitlichen Welt nichts – weder Wahrheiten noch Tatsachen; die Welt selbst ist mit der allgemeinen logischen Welt identisch.

Somit siegt der Panlogismus. Das logisch Mögliche ist mit dem Realen identisch, das allgemeine formal-logische Kalkül muß das allumfassende Kategoriensystem enthalten: Identität, Gleichheit, Äquivalenz, Kongruenz (geometrische Äquivalenz), Ähnlichkeit, Unterschied, Veränderung, Gegensatz usw. Dieses System wird mit Fleisch und Blut ausgestattet, es kommt immer aus derselben logischen Quelle. J. Hirschberger urteilt kaum richtig, daß diese Schlüsse Leibniz' System in die Ebene der Lehre Platons von den Zahlen überführen [vgl. *63*, S. 181], aber es besteht kein Zweifel, daß Leibniz damit Hegel den Weg bereitete.

Die Folgerungen aus der panlogischen Konzeption mehrten sich, unabhängig davon, ob Leibniz sie selbst zog oder nicht. Wenn die logische Widersprüchlichkeit und die reale Vereinbarkeit ein und dieselbe sind, wenn die Widersprüchlichkeit nur als Unvereinbarkeit einer Behauptung und ihrer formal-logischen Negation verstanden wird, dann müßte man annehmen, daß die Unterschiede der einen Monade zu den anderen nur rein logisch sind. Aber wenn einerseits eine Monade mit allen anderen Monaden vereinbar ist, da sie alle existieren, so ist sie mit ihnen jedoch in dem Sinne „unvereinbar", daß sie mit ihnen nicht zusammenfällt. Wenn sie *A* ist, ist folglich jede der übrigen Monaden und sind sie alle zusammen = *non A*, d. h. sie treten mit ihr in einen logischen Widerspruch, und man muß anerkennen, daß nur die eine gegebene Monade ein Recht auf Existenz hat... Natürlich kann man es verbieten, die logische Negation kontradiktorisch zu interpretieren, aber dann entstehen neue Schwierigkeiten, die entweder die Monadologie oder den formal-logischen Panlogismus ins Wanken bringen.

Wenn man sich blind an den Panlogismus hält, bleibt nur übrig, sich einem trockenen und freudlosen Fatalismus anheim zu geben, alles „Zufällige" und „Freie" erweist sich dann nur als Illusion des schwachen menschlichen Verstandes und jedes denkende Subjekt wäre nur eine gegenständliche Illustration der Glieder einer einheitlichen allgemeinen Wissenschaft (scientia generalis). Die Monadologie bräche zusammen, aber dadurch würde ihr Idealismus auch nichts gewinnen.

## Logik und Naturwissenschaft

Aber einen Gewinn, und nicht nur diesen, hatte dennoch die logische Wissenschaft. Hier sind Leibniz' Errungenschaften bedeutend, und sein Rationalismus hat die Ausarbeitung des Apparates der Logik nicht nur nicht behindert, sondern im Gegenteil gefördert. Leibniz' Methode führte zu bedeutenden wissenschaftlichen Ideen.

Wenn Descartes die Algebra mit der Geometrie vereinigte, so verband Leibniz die Logik mit der Mathematik und Physik. „Die Analyse der unendlich kleinen Größen", schrieb er, „gab uns das Mittel, die Geometrie mit der Physik zu vereinigen ..." [*4*, S. 457]. Diese dialektischen Ideen hatten für die Wissenschaft gewaltige Folgen. Doch erst gegen Ende des 19. Jh. brachen sich die Leibnizschen Ideen, neu entdeckt, Bahn. Kant und Hegel hatten dagegen erneut Logik und Mathematik in verschiedene Richtungen „entwickelt".

Leibniz synthetisierte Logik und Mathematik zu einer einheitlichen Disziplin und bemühte sich, zwei Hauptgedanken zu realisieren. Der erste bestand in der Interpretation des Denkens als ein Operieren mit Zeichen, was bereits bei R. Lullus, B. Pascal, Th. Hobbes und E. Weigel deutlich erwähnt, aber jetzt in den Mittelpunkt einer intensiven und kompetenten kombinatorischen Analyse gestellt wurde. Das Operieren mit Zeichen muß in Form eines Kalküls geordnet werden. „Der Kalkül, oder das Operieren, besteht in der Schaffung von Beziehungen, die durch Umwandlung von Formeln nach gewissen vorgeschriebenen Gesetzen verwirklicht werden" [*19*, S. 114].

Die Konstruktion eines Kalküls der Gedanken beginnt mit der Ausarbeitung ihres Alphabets, in dem mit Wörtern und kompakteren Zeichen Dinge, Prozesse und ihre realen Beziehungen genau bezeichnet sind [*14*, (A) VII, 190–193]. Eine exakte Beschreibung der Elemente des Denkens erlaubt es, seine geordnete Axiomatik zu konstruieren. Jeder Name wird als Konnotation der Eigenschaften des Gegenstands verstanden, „die Bedeutungen der Termini, d. h. die Definitionen zusammen mit den identischen Axiomen bilden die Prinzipien aller Beweisführungen" [*4*, S. 516; vgl. *19*, S. 450]. So würde eine characteristica universalis entstehen (ein allgemeines System von Zeichenbezeichnungen), die das Ordnen des vorhandenen Wissens, die Vervollkommnung der Untersuchungen unterstützen, die Verbindung aller Wissenschaften miteinander und die Zusammenarbeit der Wissenschaftler verschiedener Länder erleichtern würde.

Der analytische Charakter aller notwendig-wahren Aussagen, der beharrlich von Leibniz postuliert wurde, wies den Weg zur Entwicklung der Logik auf der Basis der Mathematik als mathematische, symbolische Logik. Leibniz' Arbeit „Über die Kunst der Kombinatorik" (1666) verkündete die Vereinigung der aristotelischen Logik mit dem Zeichenkalkül und eröffnete neue Horizonte. Der Philosoph verteidigte nicht nur die Syllogistik gegen die Angriffe von Hobbes, Descartes und Locke, indem er erklärte, daß sie „eine der schönsten und sogar der wichtigsten Entdeckungen des menschlichen Geistes ist" [*4*, S. 580], sondern er tat auch den Schritt, ohne den die Syllogistik zum Stillstand verurteilt war. Wie sehr auch Hegel Leibniz wegen der Einführung „mechanischer" Methoden in die Logik tadelte, diese Methoden hatten eine große Zukunft.

Leibniz übte sichtlich einen Einfluß auf die Theoretiker aus, die die mathematische Logik neu entdecken mußten, auf de Morgan, (1806–1871), Frege (1848–1925) und Peano (1858–1932). Auch Russell (1900) und Couturat (1901) begannen ihre Untersuchungen zur mathematischen Logik gerade mit Arbeiten über Leibniz und erkannten Leibniz als deren Begründer an. „Auf dem Gebiet der Logik und der Mathematik", schrieb Russell im Jahre 1937 im Vorwort zur Ausgabe seines Buches über Leibniz, „wurden viele seiner Träume verwirklicht und zeigten schließlich, daß sie etwas mehr als phantastische Einfälle waren, wie es allen denen erschien, die nach ihm bis zur Gegenwart auftraten" [43].

Ein anderer Gedanke, der Leibniz begeisterte, bestand in der Orientierung auf die breiteste Anwendung des logischen Kalküls. H. Scholz (in einem Beitrag aus dem Jahre 1942, vgl. *48*, N. 1697, 1837), G. Martin [*41*], R. Yost [*47*] und N. Rescher [*42*] betonen, daß der große Denker der mathematischen Logik den Weg in die Philosophie gebahnt hat und daß dies der letzteren die ihr so sehr fehlende Exaktheit zu geben versprach. (Damit haben sie recht, doch stellte sich dies erst später ein – denn die philosophische Anwendung einer Reihe logischer Begriffe wie auch der Begriffe „Differential", „Unendlichkeit" und anderer durch Leibniz war selbst nicht exakt.) Das formale Operieren mit Symbolen, ihr Kalkül (calculus ratiocinator), wovon Descartes und Hobbes träumten, war dazu berufen, in allen Wissensgebieten tiefgreifende Veränderungen hervorzurufen, sie von der Scholastik zu reinigen, die verwendeten Ausdrücke zu präzisieren und das Denken der Wissenschaftler zu algebraisieren.

Der allgemeine symbolische Kalkül, der in die wissenschaftliche Praxis überall eingeführt ist, wird es nach Leibniz' Ansicht gestatten, in Zukunft dahin zu kommen, daß, „wenn zwischen den Menschen Streit entsteht, man nur zu sagen braucht: ‚Rechnen wir!', um ohne weitere Weitschweifigkeiten zu klären, wer recht hat" [*19*, S. 16]. In dem Brief an de l'Hospital vom 23. April 1693 unterstrich Leibniz, daß er des Geheimnis des Erfolges in der sorgfältigen Ausarbeitung nicht nur des primären Alphabets der Begriffe sieht, sondern auch in der Kunst seiner Anwendung, womit die wahren Sätze aus Kombinationen einfacher Ideen oder unbestimmbarer Termini abgeleitet würden. Das waren sehr fruchtbare Gedanken.

Der Denker vermutete, daß die wahre Methode des Kombinierens die Rolle des Ariadne-Fadens spielt, wobei eine „universelle Mathematik" (mathesis universalis) aus zwei Teilen bestehen muß, von denen der erste die „Kombinationskunst" („ars combinatoria") ist, die auf vorher mit Zeichen bezeichnete Eigenschaften von Dingen angewendet wird, und der andere die Logistik oder logische Algebra, die mit beliebigen Mengen und beliebigen Objekten operiert, welche quantitativ ausgedrückt werden können. Auf diese Weise stützten sich die Leibnizschen Hoffnungen von einer vollkommenen universellen Wissenschaft auf die Interpretation jener gewaltigen Vorzüge, die eine konsequente und allseitige Formalisierung mit sich bringt [vgl. *14*, (A) VII, S. 43–49, 218–227]. In Notizen vom Jahre 1675 pries er die „universelle Mathematik" als „Logik der Einbildungskraft" [*19*, S. 452].

In der Tat, Leibniz übertrieb die Möglichkeiten der strengen Kalküle. Ein absolut allumfassender Kalkül ist nichtrealisierbar, denn der gnoseologische Prozeß ist, wie Leibniz selbst schrieb, unendlich. Aber kaum berechtigt sind kritische Bemerkungen anderer Art an Leibniz' Adresse: eine Reihe von Autoren, wie zum Beispiel der junge Russell, warfen ihm vor, sein Bestreben, infolge bestimmter ontologischer Ansichten die Logik im Rahmen des Subjekt-Prädikats-Schemas der Sätze zu halten, hindere daran, die Arithmetisierung der Syllogistik weiterzuführen. Jedoch N. Rescher [*42*, S. 77], H. Scholz und G. Martin [*41*] werten zu Recht derartige Vorwürfe als Übertreibung und verweisen darauf, daß Leibniz seine Aufmerksamkeit auch auf das Studium anderer Beziehungen als auf die Ungleichheit, die Einbeziehung einer Klasse in eine Klasse oder die Zugehörigkeit eines Merkmals zu einem Gegenstand gerichtet habe, und zwar auf das Studium der Symmetrie, der Transitivität und anderer Phänomene, doch er berücksichtigte, daß alle Beziehungen auf Prädikate zurückgeführt werden können. Charakteristisch für ihn ist auch, daß er Raum und Zeit als Beziehungen ansah und auch ein spezielles Zeichen für die Kennzeichnung von „Beziehungen im allgemeinen" vorschlug.

Unbestreitbar liegen die bedeutenden konkreten Leistungen Leibniz' in der logischen Wissenschaft. Besonders fruchtbar war die Einführung von Symbolen nicht nur bezüglich veränderlicher Größen, sondern auch für logische Konstanten. Scharfsinnige Untersuchungen R. Kauppis zeigen, daß in der Leibnizschen Logik außer dem zweiwertigen Aussagenkalkül ein Modalkalkül für die Wortbedeutungen „möglich" und „nichtmöglich" sowie ein unvollständiger Modalkalkül der Existenz vorhanden sind [40]. Besonders hervorgehoben werden muß, daß Leibniz der Vorgänger L. Eulers in der geometrischen Interpretation der Syllogistik war, für die er auch einige artihmetische Verfahren erläuterte [*25*, S. 444, 448]. Erst im 20. Jh. wurden die Forschungen des Philosophen zu Problemen der Definition von Identität und Sinnverwandtheit, der semantischen Beziehung zwischen „Sinn" und „Bedeutung" von Namen und Ausdrücken gebührend gewürdigt. [Vgl. ausführlich *25*; auch *59*, S. 231–241]. Besondere Verdienste erwarb Leibniz in der theoretischen und angewandten Naturwissenschaft als ein Gelehrter neuen Typs, als vielseitiger Wissenschaftsorganisator, als Vorkämpfer der Verbindung zwischen Theorie und Praxis. Er entwickelte nicht nur Untersuchungsmethoden (ars judicandi), sondern auch die „Kunst des Erfindens" (ars inveniendi). Engels schrieb: „Der Deutsche Leibniz verstreute um sich her ständig geniale Ideen, ohne Rücksicht darauf, ob ihm oder andern das Verdienst daran zugerechnet würde – Leibniz, wie wir jetzt aus Papins Briefwechsel wissen, gab ihm die Hauptidee dabei an: die Anwendung von Zylinder und Kolben [*1*,*20*, S. 392]. Im Jahre 1672 vervollkommnete Leibniz beträchtlich die von Pascal erfundene Rechenmaschine und wurde damit der Stammvater der maschinellen Rechentechnik. N. Wiener vertritt die Ansicht, daß Leibniz die ersten Ideen über eine machina rationatrix, eine denkende Maschine, formuliert hat.

Die Aufzählung von Leibniz' theoretischen Ergebnissen in der Mathematik beginnt man gewöhnlich mit der Logisierung der Mathematik und der Entdeckung der Differentialrechnung (1675), die methodologisch mit dem Prinzip der stufenweisen Veränderungen verknüpft ist. Das förderte zusammen mit der Untersuchung der inkommensurablen Strecken, der konvergierenden Reihen und der Asymptotentheorie seinerseits die Entwicklung von Leibniz' allgemeiner Methodologie, insbesondere die Analyse der „zufälligen" Wahrheiten.

Leibniz begann die Ausarbeitung des Wahrscheinlichkeitskalküls, das zur Bestimmung hypothetischer Wahrheiten von Bedeutung ist, er untersuchte spezielle Kurven, richtete die Aufmerksamkeit auf die Spieltheorie. Er dachte lange über das „Labyrinth des Kontinuums" nach, seine Resultate sind äußerst interessant. In seiner Philosophie sind die von ihm in der Mathematik nur als Fiktionen bezeichneten [*14*,(A) VI, S. 629] Begriffe der „übernumerischen" Unendlichkeit (Gott) und des aktualen unendlich Kleinen (die Monade) originell interpretiert. Heute ist der Begriff der aktualen Unendlichkeit in der sogenannten nichtstandartisierten Analyse neu belebt worden. Bemerkenswert ist die zum Teil von Galilei angeregte und der Aufgliederung der Unendlichkeit in eine aktuale und potentielle nahe kommende Lösung des Problems des geometrischen Kontinuums: in der Welt des logisch Möglichen „ist die Linie real, und der Punkt ist nur die ideale Grenze der unendlichen Teilung; in der Metaphysik jedoch sind nur die endlichen Komponenten, die Monaden, aktual, und jedes von ihnen gebildete Kontinuum ist phänomenal" [*42*, S. 111]. Das ergab sich auch aus seiner Lehre von den Konglomeraten. Auf diese Weise gelang es, die Zenon-Paradoxien zu umgehen, aber das war noch nicht ihre Lösung. Der Weg zur Entdeckung der Dialektik von Kontinuität und Diskontinuität sowohl im Wesen als auch in den Erscheinungen war noch nicht gefunden.

In der Physik hinterließ Leibniz eine tiefe Spur vor allem in Zusammenhang mit dem oben erwähnten Streit um die zwei Bewegungsmaße. In seinem 1686 in den „Acta Eruditorum" veröffentlichen Aufsatz trat er gegen die Autorität Descartes' auf, indem er behauptete, daß das echte Maß der Bewegung die „lebendige Kraft" ist. Sein Gedanke von der Einteilung der Kräfte in statische („tote") und kinetische („lebendige") war tiefgehend und fruchtbar; ihm zur

Seite trat J. Bernoulli, aber die Positionen der Cartesianer fanden noch lange ihre Verteidiger in der Person von Papin, Clarke u. a.

Wenn in Leibniz' frühen Arbeiten der Terminus „Drang" (conatus) eine minimale Bewegung bezeichnete, begann er in den späteren eine „minimale Kraft" zu bedeuten. Aber das war noch unzureichend. Erst nach genauer Abgrenzung zwischen den Begriffen „Kraft" und „Energie", exakter Formulierung des Energieerhaltungssatzes und der aussöhnenden Lösung d'Alembert's, der zeigte, daß beide Maße – das von Descartes und das von Leibniz – für ihren Bereich Gültigkeit haben und nicht nur in formaler Beziehung äquivalent sind, erlangte dieser Satz seinen vollen Sinn. Bereits Leibniz' Einführung der Prinzipien von der Erhaltung der „lebendigen Kraft" und der Erhaltung der Summe der Bewegungsrichtungen führte zu diesem Satz, der sowohl physikalische als auch große philosophische Bedeutung besitzt.

Die philosophische Idee der unermüdlichen Aktivität der Monaden, die in dem theologischen Terminus „Transkreation" enthalten ist, und die Ansicht von der physikalischen Bewegung als der ursprünglichen Eigenschaft der Natur wurden in Leibniz' Weltanschauung logisch verknüpft; in einem Brief an Arnauld erklärte er, daß er nirgends passive und träge Massen sieht, sondern überall unermüdliche Tätigkeit. Das allgemein methodologische Prinzip der stufenweisen Übergänge und die Negierung der absoluten Ruhe, die letztlich bedeutete, daß Bewegung eine allgemeine Eigenschaft der Materie ist, befanden sich in ebensolcher gegenseitigen Bedingtheit. Diese dialektischen Thesen wurden ein Jahrhundert später von Schelling erneut aufgestellt, verstärkt durch neues naturwissenschaftliches Material. Lenin hatte zutiefst recht, als er bemerkte, daß Leibniz über die Theologie zum Prinzip des unzertrennlichen Zusammenhangs von Materie und Bewegung gekommen ist [2, 38, S. 65].

In den biologischen Ansichten des Denkers waren fortschrittliche und hemmende Ideen eigenartig miteinander verflochten. Die vom Prinzip des Stufencharakters der Übergänge ausgehende Vorstellung vom Vorhandensein stetiger Vermittlungen zwischen Pflanzenreich, Tierreich und dem Reich der Menschen begeisterte später Goethe, aber mit der Anerkennung der organischen Evolution war die Konzeption der geistigen Teleologie unvereinbar. Das Höchste, was Leibniz hier erreichte, war die Vereinigung der Theorie der Epigenese komplizierter Organismen mit dem Präformismus der Monaden,[21] was sowohl einer mechanischen Behandlung der Erscheinungen als auch dem Prinzip der teleologischen Prädisposition des Künftigen im Vergangenen entsprach. Hier handelte es sich um eine Halbheitssynthese der Ideen von Harvey und Malpighi.

[21] Die Anhänger der Epigenese (K. F. Wolff, E. Snjadeckij) waren der Ansicht, daß bei organischen Keimen im Laufe ihrer Entwicklung eine Neubildung der Organe erfolgt. Die Präformisten (Haller, Bonnet, Cuvier u. a.) behaupteten, daß Organe und Arten von Lebewesen durch Gott geschaffen wurden, so daß die Geschichte der organischen Welt nur die „Entfaltung" bereits vorhandener Formen ist.

Die Interpretation der Natur war bei Leibniz durch den Idealismus erschwert: die Negation der wesentlichen Wechselwirkung physischer Körper nahm die Subjektivierung der Kategorien Wechselwirkung und Kausalität bei Kant vorweg; die Feststellung, daß es echte Dialektik nur in der Welt des Geistigen gibt, lieferte Hegel das Grundschema für seine Naturphilosophie. Und dennoch öffnete Leibniz der Dialektik die Tür zur Natur; dadurch gelangte er im Vergleich zu seinen Zeitgenossen einen bedeutenden Schritt voran.

# KAPITEL IX

# Schluß

Leibniz' philosophisches System ist ein klassisches Beispiel für den engen Zusammenhang von Erkenntnistheorie und Methodologie der Wissenschaften, von philosophischer Erkenntnis mit den Fragen der Naturwissenschaft. Dieses System erzeugte ein beeindruckendes Bild von der Welt als einem einheitlichen, unentwegt sich realisierenden, aufsteigenden, lebendigen Prozeß, [*4*, S. 9, 11f., *15*, 33; *3*, S. 186, 116f.]. „Alles strebt zur Vollkommenheit" [*15*,*2*, S. 269], und dieses Streben hört niemals auf.

Die Welt ist unendlich und unerschöpflich in qualitativer und quantitativer Hinsicht, sie ist in jedem Punkt voller Dynamik, deren innerer Sinn in der Erkenntnisentwicklung liegt. „Wenn auch manchmal eine Rückwärtsbewegung vorkommt, ähnlich einer Linie mit Kehren, gewinnt und siegt dennoch letztlich der Fortschritt" [*14*, (A) VI, S. 508], wobei der progressive und unendliche Erkenntnisweg zugleich der Weg zur Freiheit ist [*3*, S. 183]. So zeichnen sich Prinzipien ab, die dann im klassischen deutschen Idealismus am Anfang des 19. Jh. auf der Tagesordnung standen: die Negation der Negation, die Verbindung der ontologischen Entwicklung mit der gnoseologischen und die Bestimmung des Sinns der Geschichte in der Entwicklung der Freiheit.

Wenn bei Descartes die Welt eine Struktur war, so erweist sie sich bei Leibniz als *System*; er versteht sie bis ins letzte durchorganisiert, nicht nur einheitlich und ganzheitlich, sondern auch harmonisch [*4*, S. 35]. Descartes nahm an, wenn sich auch nur ein einziges Teilchen bewegt, muß sich unvermeidlich die ganze Welt in Bewegung befinden. Leibniz ist überzeugt, wenn sich auch nur ein einziges Teilchen von einem anderen unterscheidet, dann sind alle Dinge des Weltalls unikal, d. h. sie bilden gerade damit ein harmonisches Ganzes. Die Systemeinheit der Welt wird bei Leibniz durch die Systemeinheit der Wissenschaft ergänzt, d. h. durch die Einheit des Wissens, durch die Abgestimmtheit in der Tätigkeit der Wissenschaftler und durch ihr Streben zur Schaffung ihrer allgemeinen Organisation.

Viele Thesen dieses „Metaphysikers" klingen erstaunlich modern. Leibniz übte einen starken Einfluß auf die Geschichtsphilosophie Herders sowie auf die Naturphilosophie Schellings aus und spielte eine große Rolle in der Vorgeschichte der deutschen Dialektik zu Beginn des 19. Jh. Nicht weniger wichtig ist Leibniz' Einwirkung auf die Materialisten des 18. Jh., besonders auf Diderot und Robinet, die die Gedanken des deutschen Dialektikers über die allgemeinen Zusammenhänge und das progressive Aufsteigen der Welt, über ihren Dynamismus, ihre Unerschöpflichkeit und ihre unmerklichen Übergänge entwickelten. Mehr noch, Leibniz' Vorstellungen von der Natur kommen der Mikrophysik des 20. Jh. sehr nahe. Leibniz' Ansichten über die Unerschöpflichkeit der Mikroteilchen entsprechen in höherem Maße den heutigen Vorstellungen als die Ansichten von Boyle und Newton. Ebenso wichtig ist, daß seine dialektischen Ansichten von der Welt mit der formalen Logik zu einer unlösbaren und fruchtbringenden Einheit verflochten sind und ihre effektive Nutzung für die Zwecke der Erkenntnis voraussagen. Von Leibniz hat die Wissenschaft der Neuzeit das Ideal der formalen Widerspruchsfreiheit und gleichzeitig die Aufgabe übernommen, zu untersuchen, wie, wo, wann und warum Widersprüche entstehen und wie man sie überwinden und lösen kann. Denn die Lösung der Widersprüche führt zu einer neuen Etappe der Einheit der Wissenschaft, wobei die Widerspruchsfreiheit des Wissens niemals von den Menschen vollkommen erreicht werden wird. Das ist die logische Grundlage der Wahrheit wissenschaftlicher Systeme.

Lange vor den Kritikern des Kantschen Apriorismus zeigte Leibniz, daß die formale Logik in ihrer Entwicklung durchaus nicht erstarrt ist und keine Grenze erreicht hat. Aber Logik, Denken und Wissenschaft können nicht voranschreiten, wenn nicht die Kunst des Operierens mit Zeichen entwickelt wird. Denn „alles menschliche Denken vollzieht sich vermittels bestimmter Zeichen oder Charaktere" [*19*, S. 110]. Leibniz war einer der Initiatoren der Axiomatisierung und Mathematisierung der Wissenschaft. Wahre Sätze jeder Wissenschaft – das sind entweder Ausgangsprinzipien odeer Folgerungen aus ihnen [*19*, S. 61, 112]. „Bester Balsam für die Seele, wenn einige Gedanken gefunden werden können, aus denen ordnungsgemäß eine unendlich große Zahl anderer Gedanken folgt" [*19*, S. 24]. Axiomatisierung und Mathematisierung vernichteten den Irrationalismus des blinden Glaubens und hoben „das natürliche Licht der Vernunft", das von Descartes verkündet worden war, auf eine höhere Stufe.

Bemerkenswert ist Leibniz' Ansicht vom Menschen. Seine bereits in der Dissertation aus dem Jahre 1663 begonnene konsequente Durchführung des „Prinzips der Individualisierung" unterstrich die Bedeutung und den Wert der Persönlichkeit. Das „Ich" ist kein Modus, sondern eine selbsttätige Substanz, unwiederholbare Individualität. Aber das Individuum kann und muß sich im Rahmen des Ganzen befinden und, indem es sich entwickelt, erfaßt und erlebt es seine immer tieferen Bindungen zum Universum: „Die Individualität schließt Unendlichkeit ein" [*4*, S. 317], während bei Spinoza, umgekehrt, die Unendlichkeit in sich jede Individualität absorbiert, erdrückt und auflöst.

Es gibt keine Grenze zwischen Tier und Mensch, aber das führt nicht zur Herabsetzung der menschlichen Würde: denn gerade die Menschen haben in der Erlangung von Wissen die meisten Fortschritte gemacht, und für ihren Fortschritt gibt es kein Ende [vgl. *4*, S. 457]. Die Vergegenständlichung des menschlichen Geistes in den Produkten seiner wissenschaftlichen und technischen Tätigkeit stört nicht nur nicht diesen Fortschritt, sondern ist seine notwendige Bedingung. Der aufgeklärte Verstand ist unzerstörbar und ewig, und die wahre Unsterblichkeit des Menschen besteht in seinem Wissen, das er der Gesellschaft übergibt. Die Gesellschaft jedoch ist in Leibniz' Vorstellung ein harmonischer „Chor" von Menschen-Monaden, von denen jede durch die Entwicklung ihrer Individualität die Entwicklung und das Wohl („gemeine Beste") aller fördert. Somit sind alle Persönlichkeiten selbständig und dienen aktiv und frei den Interessen des Ganzen, die mit ihren eigenen Interessen zusammenfallen. Es entsteht eine Art „demokratische Monarchie" der Monaden, in der jedes Individuum am Aufblühen der Gemeinschaft durch die Wissenschaft beteiligt ist, die sein Streben zur höchsten Vernunft als dem Gipfel dieser Gemeinschaft realisiert.

In diesen Ideen und Vorstellungen war viel Utopisch-Aufklärerisches und naive Schöngeisterei enthalten, aber sie hatten auch eine historisch progressive Seite. Nicht ohne Grund schlossen sich über ein Jahrhundert später Fichte und Hegel diesen Ideen an, nachdem sie sie etwas auf ihre Weise modifiziert hatten, und entwickelten auch ihren grundlegenden Kern weiter. Leibniz' Einfluß auf das fortschrittliche Denken der ihm unmittelbar folgenden Generationen war jedoch sowohl dadurch erschwert, daß er vielen Zeitgenossen weit voraus war, als auch dadurch, daß die religiöse Hülle der „Theodizee" und seines ganzen philosophischen Systems eine angemessene Wertung erschwerte.

Im Deutschland des 18. Jh. herrschte bis zu Kant die Schule von Ch. Wolff, der das System seines Lehrers im Geiste des eklektischen Rationalismus „überarbeitete", seinen dialektischen Kern eliminierte, aber die aufklärerische Treue zur Wissenschaft und die tiefe Überzeugung von ihrer Unüberwindlichkeit wahrte. Gerade das schätzte M. W. Lomonossow an Wolff, wenn er auch die flache Teleologie, die Monadologie und die Identifizierung des Logischen mit dem Realen entschieden ablehnte.

„Den vierzigjährigen Kant kann man einen Leibnizianer nennen", schrieb der Philosophiehistoriker Hirschberger [63, S. 183]. Natürlich ist der Einfluß der Ideen von Leibniz und Wolff auf den „vorkritischen" Kant gut bekannt. Aber auch der „kritische" Kant verdankt Leibniz vieles, indem er die Unterscheidung zwischen der Welt des Wesens und der Welt der Erscheinungen, das Prinzip der Geschlossenheit der Wesen und der gnoseologischen Aktivität des Bewußtseins übernahm. Merkliche Spuren des Leibnizschen Einflusses zeigten sich auch im Schaffen von Diderot und Goethe (vgl. die Lehre von den Metamorphosen in den Heften „Zur Morphologie"), von Jacobi und Schelling (vgl. die Betrachtung der Welt als Organismus) und noch mehr in dem Hegels (in der Auffassung von der Entwicklung als Selbsterkenntnis). Ebenso wie Leibniz strebte Hegel danach, in „abstrahierter" Form in sein philosophisches System alle bedeutenden Lehren der Vergangenheit aufzunehmen, d. h. die Geschichte der Philosophie in ein Glied seiner eigenen Philosophie zu verwandeln. Er hatte darin mehr Erfolg, da er sich bemühte, den Prozeß der Annäherung der Vorgänger an seine Philosophie historisch zu verstehen und zu interpretieren. Jedoch bestimmte Hegel Leibniz' Rolle in der Entwicklung der dialektischen Methode nicht ganz richtig und unvollständig. Er begriff nicht die Größe seiner logischen Ideen und Ansichten. Die Linien des Leibnizschen Einflusses erstrecken sich auch auf Boskowitsch, Petronievics, Jacobi, Bolzano, Herbart, Lotze, Wundt, Renouvier, Vitkevič, Teilhard de Chardin und die amerikanische Personalisten.

Erst der Marxismus wertete umfassend und richtig das schöpferische Erbe des großen Philosophen des 17. Jh., der so weit und tief in die zukünftige Struktur des menschlichen Wissens geblickt hatte. Leibniz' Rationalismus war bei all seinem idealistischen Gehalt, nach Ansicht der Klassiker des Marxismus-Leninismus, durchaus nicht „dumm". Denn die gedankliche Widerspiegelung wurzelt im Fundament der Materie, und die logischen Formen haben Prototypen in der Struktur der objektiven Welt. Vererbung ist ein Beispiel für Information, die durch die materiellen Systeme in diesen selbst angelegt ist. Wenn es auch nicht stimmt, daß die Logik reicher ist als die Mathematik und schon gar nicht als die „Logik" der realen Welt, so haben sich doch ihre konstruktiven Möglichkeiten als kolossal erwiesen.

Bei der Untersuchung der Geschichte der ökonomischen Lehren schrieb K. Marx, daß der grobe Materialismus einem ebenso groben Idealismus gleichwertig sei [*1 b*, S. 579]. Bei der Untersuchung der Lehre Hegels kam W. I. Lenin zu einem analogen Schluß: „Ein kluger Idealismus steht dem klugen Materialismus näher als ein dummer Materialismus" [2, 38, S. 263]. Dieser Satz trifft, wenn auch nicht für das Leibnizsche System insgesamt, so doch für seine besten dialektischen Elemente zu. Hierzu gehören z. B. die richtig erfaßte Dialektik der Beziehungen zwischen Logik, Philosophie und Sprache, zwischen formaler Logik und Dialektik. Leibniz' Genius hat in das theoretische Denken Deutschlands den Anfang dialektischen Denkens hineingetragen. Seine Lehre erwies sich als der Keim, aus dem der mächtige Baum der klassischen deutschen Philosophie heranwuchs.

# Literatur


1. Marx, K. und Engels, F., Werke, Berlin 1957ff.
1a. Marx, K., Matematičeskie rukopisi, Moskva 1968
1b. Marx, K., Grundrisse der Kritik der politischen Ökonomie, Berlin 1953
2. Lenin, W. I., Werke, Berlin 1961ff.
3. Leibniz, G. W., Kleinere philosophische Schriften. Hrsg. und übers. v. R. Habs (1884), Leipzig 1966
4. Leibniz, G. W., Neue Abhandlungen über den menschlichen Verstand, Leipzig 1915
5. Guerrier, W., Leibniz in seinen Beziehungen zu Rußland und Peter dem Großen (Teil 2: Dokumente), St. Petersburg und Leipzig 1873
6. Leibniz, G. W., Die Theodizee, Übers. v. J. H. v. Kirchmann, Leipzig 1879
7. Fischer, K., Über die menschliche Freiheit, 2. Aufl. Heidelberg 1888, Darin: Leibniz, De libertate, Brief an de Coste über die Notwendigkeit und die Zufälligkeit v. 19. 10. 1707
8. Jagodinskij, I. I., Sočinenija Lejbnica, Ělementy sokrovennoj filosofii o savokupnosti veščej, Kazan' 1913
9. Jagodinskij, I. I., Neizdannoe Sočinenie Lejbnica, Ispoved' filosofa, Kazan 1915
10. Jagodinskij, I. I., Neizdannye Zametki Lejbnica o duše, Kazan' 1917
11. Neizdannye nabroski Lejbnica, pod red. I. I. Jagodinskogo — „Izvestija Severo-Karkazskogo Gos. Universiteta, Serija Obščestvovedenie, Literatura", Bd. 3. Rostov n/D, 1928
12. Stiehler, G., (Hrsg.), Materialisten der Leibniz-Zeit, Ausgewählte Texte, Berlin 1966. Darin: Aus dem Briefwechsel zwischen Gabriel Wagner und Leibniz.
13. Leibniz, G. W., Sämtliche Schriften und Briefe, Hrsg. v. d. Akademie der Wissenschaften der DDR, Reihe I—VII. Berlin (vgl. Anm. 2)
14. Leibniz, G. W., (A) Die philosophischen Schriften, hrsg. v. C. I. Gerhardt, Bd. I—VII. Berlin 1875—90. Neudruck: Hildesheim 1960—61; (B) Mathematische Schriften, hrsg. v. C. I. Gerhardt, Halle 1855—63. Neudruck: Hildesheim 1962
15. Leibniz, G. W., Hauptschriften zur Grundlegung der Philosophie, Übers. v. A. Buchenau, hrsg. v. E. Cassirer, Bd. I, Leipzig 1904, Bd. II, Leipzig 1906
16. Leibniz, G. W., Die Hauptwerke, 2. Aufl., Stuttgart 1940
17. Opuscules et fragments inédits de Leibniz, Ed. par Louis Couturat, Paris 1903. Neudr. Hildesheim 1961
18. Textes de Leibniz, inédits publ, par Gaston Grua, Bd. I/II, Paris 1948
19. Leibniz, G. W., Fragmente zur Logik, hrsg. v. Franz Schmidt, Berlin 1960
20. Bodemann, E., Die Leibniz-Handschriften der Kgl. öffentlichen Bibliothek zu Hannover, Hannover 1895. Neudr. Hildesheim 1966
21. Bodemann, E., Briefwechsel des G. W. Leibniz in der Kgl. Bibliothek zu Hannover, Hannover 1889. Neudr. Hildesheim 1966

22. Ravier, E., Bibliographie des Oeuvres de Leibniz. Neudr. Hildesheim 1966
23. Ropohl, H., Das Eine und die Welt, Versuch zur Interpretation der Leibnizschen Metaphysik. Mit einem Verzeichnis der Leibniz-Bibliographie, Leipzig 1936
24. Karinskij, V., Umozritel'noe znanie v filosofskoj sisteme Lejbnica, Petersburg 1912
25. Kotarbin'skij, T., Lekcii po istorii Logiki — Izbrannye proizvedenija. Moskau 1963
26. Majorov, G. G., Filosofija Lejbnica i ee novejšie zapadnye interpretacii — „Voprosy filosofii" 10/1968
27. Majorov, G. G., Problema dostovernosti znanija v filosofii G. V. Lejbnica — „Voprosy filosofii" 4/1969
27a. Narskij, J. S., Metod Lejbnica kak sistema vzaimodejstvija protivopoložnych principov — „Filosofskie nauki" 3/1971
27b. Pogrebysskij, I. B., Gotfrid Vil'gelm Lejbnic, Moskau 1971
28. Serebrennikov, V. S., Lejbnic i ego učenie o duše celoveka, Petersburg 1908
29. Spokojnyj, L. F., Filosofija Lejbnica Naučnopopuljarnyj očerk, Moskau-Leningrad 1935
30. Sretenskij, N. N., Lejbnic i Dekart (Kritika Lejbnicem obščich načal filosofii Dekarta), Kazan' 1915
31. Fischer, K., Geschichte der neueren Philosophie, Bd. III: Gottfried Wilhelm Leibniz, Heidelberg 1902
32. Jagodinskij, I. I., Filosofija Lejbnica, Process obrazovanija sistemy, Kazan' 1914.
33. Belaval, Y., Leibniz critique de Descartes, Paris 1960
34. Bochénski, J. M., Formale Logik, 2. Aufl. München 1962
35. Carr, H. W., Leibniz, New York 1960
36. Cassirer, E., Leibniz' System in seinen wissenschaftlichen Grundlagen, Marburg 1902
37. Couturat, L., La Logique de Leibniz d'aprés des documents inédits, Paris 1901
38. Dürr, K., Neue Beleuchtung einer Theorie von Leibniz, Grundsätze des Logikkalküls, Darmstadt 1930
39. Gueroult, M., Dynamique et metaphysique Leibniziennes, Paris 1934
40. Kauppi, R., Über die Leibnizsche Logik, Helsinki 1960
41. Martin, G., Leibniz. Logik und Metaphysik, Köln 1960
42. Rescher, N., The Philosophy of Leibniz, Prentice-Hall 1967
43. Russell, B., A critical Exposition of the Philosophy of Leibniz, Cambridge 1900
44. Saw, R. L., Leibniz, Baltimore 1954
45. Simonovits, A., Dialektisches Denken in der Philosophie von Gottfried Wilhelm Leibniz, Berlin 1968
46. Totok, W., Haase, C. (Hrsg.), Leibniz. Sein Leben — sein Wirken — seine Welt, Hannover 1966
47. Yost, R. M., Leibniz and philosophical analysis, Berkeley and Los Angeles 1954
48. Leibniz-Bibliographie, Verzeichnis der Literatur über Leibniz, Bearbeitet von K. Müller Frankfurt am Main 1967
49. Leibniz-Bibliographie, Ergänzungen und Fortführungen zur „Leibniz-Bibliographie ... von K. Müller", Bearb. von G. Utermöhlen, In: „Studia Leibnitiana", Hannover 1969ff. (jeweils in Heft 4)
50. Viž'e, P., Teorija urovnej i dialektika prirody — „Voprosy filosofii", 10/1962
51. Descartes, R., Ouvres, vol. VIII. Ed. Cousin, Paris 1829
52. Descartes, R., Meditationen über die Grundlagen der Philosophie, 4. Aufl. Leipzig 1915
53. Kant, I., Kritik der reinen Vernunft, Leipzig 1960
54. Lokk, D., Pedagogičeskie sočinenija, Moskau 1939

55. Makovel'skij, A. O., Istorija Logiki, Moskau 1967
56. Popovič, M. B., Ob universal'nosti Logiki – „Voprosy filosofii" 7/1968
57. Solov'ev, N., „Teodiceja" Lejbnica, rassmatrivaemaja v svjazi s ego metafizičeskim učeniem, Char'kov 1904
58. Spinoza, B., Ethik, Leipzig o. J.
59. Stjazkin, N. I., Formirovanie matematičeskoj Logiki, Moskau 1967
60. Uemov, A. I., O principe toždestva – „Voprosy filosofii" 6/1969
61. Feuerbach, L., Geschichte der neueren Philosophie, Darstellung, Entwicklung und Kritik der Leibnizschen Philosophie, Berlin 1969
62. „Filosofskije woprosy sowremennoi formalnoi Logiki", Moskwa 1962
63. Hirschberger, J., Geschichte der Philosophie, Bd. II. Freiburg 1963

# Namenverzeichnis

Kolibri 360 GmbH
Ferdinand-Jühlke-Straße 7
99095 Erfurt, Deutschland
produktsicherheit@kolibri360.de